謹以本書獻給我的家人

目錄

BECAUSE STARS ARE THERE:
BRICKS AND TILES OF THE TEMPLE OF SCIENCE

第二部分　物理

第三部分　星際旅行漫談

第四部分　其他

編審序

BECAUSE STARS ARE THERE:
BRICKS AND TILES OF THE TEMPLE OF SCIENCE

作為這本書的外聘編輯兼審訂，首先我要感謝信實文化的信賴與委託；沒有他們的願意出版，這本書就無法裨益正體中文的讀者。

在接此工作之前，便曾聽聞作者（盧昌海）的科普作品相當有深度；實際編輯起來，讓我最印象深刻的，倒是作者的學識廣度，和寫作功力。科普講述的雖然是既有的科學理論或事實，但要寫出好的作品絕不容易。作者的文章不但內容涉獵廣泛，介紹理論之外，更將其歷史脈絡一併講了個清楚，整體連貫、一氣呵成，相當精彩——顯然下了許多心力查閱與整理資料，令人佩服。

本書內容，除了常見的科幻題材如時間旅行、蟲洞等，亦包括了較少科普著墨的數學和物理議題。從魔術方塊和 Google 崛起背後的數學，到蝴蝶效應和光纖的歷史發展，都相當有可看性。自己在編輯過程中，就一些平時較不熟悉的主題，也得到不少收穫。書的最末，作者討論到科普的侷限性，以及近來因網際網路的便利而益發氾濫的「民間科學家」現象；在這資訊爆炸、消息真偽難辨的時代，無疑值得我們省思與警惕。

盧的作品另一容易被人提起、也是我耳聞過的特徵，就是不排拒數學符號和方程式的使用——缺乏相關知識的讀者要完全理解透徹並不容易。作為科普，這項特質乍看之下是不合格的。然而，關於此點，作者在文章〈關於普通科普和專業科普〉裡，有詳細說明自己的觀點和考量。於是，本書的定位與特別，反倒是可以理解的了。這本書有部份文章確實用上了數學語言，對於主題有一定程度背景的讀者將可以更容易理解其箇中奧妙；但對數學不熟悉的一般讀者倒也不需要因此感到擔心；就算直接略過數學表述、單看文字結論，或者閱讀主題的歷史發展介紹，相信還是可以有許多收穫。

因台灣在部份語彙、以及語言使用習慣上與中國有所不同，在尊重原作、最大程度保留作者語句的同時，我們對書中人名、專業名詞、俚語等稍有更動，使其更貼近台灣本地脈絡。除此之外，原版書中方程式和文字上的小錯誤，我們也盡可能一一挑出修正。

最後，要感謝正在閱讀這本書的讀者。本書的走向與寫作策略，與坊間其他科普大不相同，技術性比一般科普更強，資訊密度也更大。如果你有志於深入了解相關議題，這本書會是很好的參考；即使你只是沒有相關背景的普通讀者，一定也能從書中豐富的內容看到一些有意思的地方。從這個角度來說，這就是本書獨特的價值所在了。

中央研究院物理所博士後研究員
鄭宜帆

序言

BECAUSE STARS ARE THERE:
BRICKS AND TILES OF THE TEMPLE OF SCIENCE

作為一位出版了四本書的作者，如果要用一句話來概括寫書的感覺的話，那就是：寫書比寫文章累。這貌似是一句顯而易見的大白話，對我這種在寫作上有一定興趣，甚至以寫作為樂的人來說，卻是一種只有經歷過了才意識到的新感覺。這新感覺的起因也是一句顯而易見的大白話，那就是：書比文章長。不過，這個「長」對我來說與其說是篇幅之長，不如說是指所費時間之長。因為在一本書的寫作過程中，我得不斷約束自己的閱讀興趣，把主要精力投注於單一主題。另一方面，我的寫作速度又比較慢（或美其名曰「認真」），從而使得寫作過程往往長到了對題材的興趣將盡而書稿遠未完成的程度。這時候，寫書就變成了對恆心和毅力的考驗，而我——很遺憾地——曾兩度在這種考驗面前失敗過，致使《黎曼猜想漫談》和《從奇點到蟲洞》「爛尾」多年（對這一「丟人」事蹟感興趣的讀者可參閱那兩本書的後記），其「累」亦由此可見。

在這種感覺下，若有誰願把我的文章彙集成書出版，讓我既免除寫書之累，又可得出書之樂，那對我來說簡直就是「天上掉餡兒餅」的美事，幾乎要讓我生出一種「偷懶」的愧疚了。最近，這樣的美事居然落在了我的頭上——清華大學出版社願意出版我的兩本文章合集，一本收錄科學史方面的文章，一本收錄科普方面的文章。

興奮之下，我很快選好了篇目，但問題來了：一堆文章彙集在一起，以什麼作為書名呢？當然，假如我是著名作者，這根本就不是問題，大可取名為《盧昌海科學史作品集》或《盧昌海科普作品集》。但對於明顯不著名的我來說，就算不怕僭越地將自己的名字厚顏納入書名，也只會成為「票房毒藥」，因此必須另謀思路。讀者可能會笑話我這麼小的事情都不能輕鬆搞定，其實非獨我如此，像艾西莫夫（Isaac Asimov）那樣的大牌作家也常常為書名發愁呢，以至於在文章合集《The Sun Shines Bright》的簡介中感慨地說，他幾乎想用數字編號來作書名了——當然，他發愁的原因跟我是不同的，他那是因為作品實在太多，顯而易見的書名幾乎用遍了。

經過思考，我決定效仿艾西莫夫，他雖然也為書名發愁，點子可比我多多了，在《The Sun Shines Bright》的簡介中做完了用數位編號作為書名的「白日夢」後，隨即採用了一個頗有些取巧的辦法，那就是從所彙集的文章中選取一篇的標題作為書名。即是您所看到的這本文章合集的書名——《因為星星在那裡：科學殿堂的磚與瓦》。

關注我文章的讀者或許注意到了，收錄在這本書中的某些文章是曾經在雜誌或報紙上發表過的。不過，雜誌和報紙大都有自己固定的風格，有時不免需要作者「削足適履」來契合之。因此，發表在雜誌和報紙上的版本與我自己的版本相比大都存在一定的缺陷，比如經過編輯的改動，以及因字數所限作過刪節等。此外，發表在雜誌上的版本大都略去了注釋及對人名和術語的英文標注等，這其中後者——即英文標注——或許並不重要，但前者——即注釋——其實是頗為重要的，往往起著補充正文、澄清歧義等諸多作用。所有這些缺陷在此次彙集成書時都盡可能予以消除了。

與以前的四本書一樣，這本書也是非常接近原稿風格的，在個別細節上甚至有可能略勝於原稿，因為編輯訂正的個別錯別字由於未曾標注，我未必能在閱讀校樣時一一察覺並在自己的版本上做出相應的訂正。在尊重原稿這個最至關重要的特點上，我要再次對出版社表示感謝，感謝其對我作品及寫作風格的信任和支持。

最後，希望讀者們喜歡這本新書。

盧昌海

第一部分　數學

BECAUSE STARS ARE THERE:
BRICKS AND TILES OF THE TEMPLE OF SCIENCE

孿生質數猜想 ①

2003 年 3 月 28 日，在美國數學研究所（American Institute of Mathematics）位於加州帕洛阿爾托（Palo Alto）的總部，一群來自世界各地的數學家懷著極大的興趣聆聽了聖荷西州立大學（San José State University）數學教授戈德斯頓（Daniel Goldston）所做的一個學術報告。在這個報告中，戈德斯頓介紹了他和土耳其海峽大學（Boğaziçi University）的數學家伊爾迪里姆（Cem Yıldırım）在證明孿生質數猜想（twin prime conjecture）方面所取得的一個進展。這一進展——如果得到確認的話——將把人們在這一領域中的研究大大推進一步。

那麼，什麼是孿生質數（twin prime）？什麼是孿生質數猜想？戈德斯頓和伊爾迪里姆所取得的進展又是什麼呢？本文將對這些問題做一個簡單介紹。

要介紹孿生質數，首先當然要說一說質數（prime number）這一概念。質數是除了 1 和自身以外沒有其他因數的自然數。在數論中，質數可以說是最純粹、也最令人著迷的概念。關於質數，一個最簡單的事實就是：除了 2 以外，所有質數都是奇數（因為否則的話，除了 1 和自身以外還會有一個因數 2，從而不滿足定義）。由這一簡單事實可以得到一個簡單推論，那就是：大於 2 的兩個相鄰質數之間的最小可能的間隔是 2。所謂孿生質數指的就是這種間隔為 2 的相鄰質數，它們之間的距離已經近得不能再近了，就像孿生兄弟一樣。不難驗證，在孿生質數中，最小的一對是（3, 5），在 100 以內則還有（5, 7）、（11, 13）、（17, 19）、（29, 31）、（41, 43）、（59, 61）和（71, 73）等另外 7 對，總計為 8 對。進一步的驗證還表明，隨著數字的增大，孿生質數的分布大體上會變得越來越稀疏，尋找孿生質數也會變得越來越困難。

那麼，會不會在超過某個界限之後就再也不存在孿生質數了呢？

這個問題讓我們聯想到質數本身的分布。我們知道，質數本身的分布也是隨著數字的增大而越來越稀疏的，因此也有一個會不會在超過某個界限之後就再也不存在的問題。不過幸運的是，早在古希臘時代，著名數學家歐幾里得（Euclid）就證明了質數有無窮多個（否則的話——即假如質數沒有無窮多個的話——今天的許多數論學家恐怕就得另謀生路了）。長期以來數學家們普遍猜測，孿生質數的情形與質數類似，雖然其分布隨著數字的增大而越來越稀疏，總數卻是無窮的。這就是與哥德巴赫猜想（Goldbach conjecture）齊名、集令人驚異的表述簡單性與令人驚異的證明複雜性於一身的著名猜想——孿生質數猜想。

孿生質數猜想：存在無窮多個質數 p，使得 p+2 也是質數。

究竟是誰最早明確地提出這一猜想我沒有考證過，但 1849 年法國數學波利尼亞克（Alphonse de Polignac）曾提出過一個猜想：對於任意偶數 $2k$，存在無窮多組以 $2k$ 為間隔的質數。這一猜想被稱為波利尼亞克猜想（Polignac's conjecture）。對於 $k = 1$，它就是孿生質數猜想。因此人們有時把波利尼亞克作為孿生質數猜想的提出者。值得一提的是，人們對不同的 k 所對應的質數對的命名是很有趣的：$k = 1$（即間隔為 2）的質數對我們已經知道叫做孿生質數；$k = 2$（即間隔為 4）的質數對被稱為 cousin prime（表兄弟質數），比「孿生」稍遠；而 $k = 3$（即間隔為 6）的質數對竟被稱為 sexy prime！這回該相信「書中自有顏如玉」了吧？不過別想歪了，之所以稱為 sexy prime，其實是因為 sex 正好是拉丁文中的「6」（因此 sexy prime 的中文譯名乃是毫無聯想餘地的「六質數」）。

孿生質數猜想還有一個更強的形式，是英國數學家哈代（Godfrey Hardy）和李特伍德（John Littlewood）於 1923 年提出的，有時被稱為哈代－李特伍德猜想（Hardy-Littlewood conjecture）或強孿生質數猜想（strong twin prime conjecture）②。這一猜想不僅提出孿生質數有無窮多組，而且還給出其漸近分布為

$$\pi_2(x) \sim 2C_2 \int_2^x \frac{dt}{(\ln t)^2}$$

其中 $\pi_2(x)$表示小於 x 的孿生質數的數目，C_2 被稱為孿生質數常數（twin prime constant），其數值為

$$C_2 = \Pi_{p\geq 3} \frac{p(p-2)}{(p-1)^2} \approx 0.66016118158468695739278121100145\cdots$$

強孿生質數猜想對孿生質數分布的擬合程度可以由表 1 看出。很明顯，擬合程度是相當漂亮的。假如可以拿觀測科學的例子來作比擬的話，如此漂亮的擬合幾乎能跟英國天文學家亞當斯（John Couch Adams）和法國天文學家勒維耶（Urbain Le Verrier）運用天體攝動規律對海王星位置的預言，以及愛因斯坦（Albert Einstein）的廣義相對論對光線引力偏轉的預言等最精彩的觀測科學成就相媲美，可以算同為理性思維的動人篇章。這種擬合對於純數學的證明來說雖起不到實質幫助，卻大大增強了人們對孿生質數猜想的信心。

表 1

x	孿生質數數目	強孿生質數猜想給出的數目
100000	1224	1249
1000000	8169	8248
10000000	58980	58754
100000000	440312	440368
10000000000	27412679	27411417

這裡還可以順便提一下，強孿生質數猜想所給出的孿生質數分布規律可以通過一個簡單的定性分析來「得到」③：我們知道，質數定理（prime number theorem）表明對於足夠大的 x，在 x 附近質數的分布密度大約為 $1/\ln(x)$，因此兩個質數位於寬度為 2 的區間之內（即構成孿生質數）的概率大約為 $2/\ln^2(x)$。這幾乎正好就是強孿生質數猜想中的被積函數——當然，兩者之間還差了一個孿生質數常數 C_2，而這個常數顯然正是哈代和李特伍德的功力深厚之處④。

除了強孿生質數猜想與孿生質數實際分布之間的漂亮擬合外，對孿生質數猜想的另一類「實驗」支持來自於對越來越大的孿生質數的直接尋找。就像對大質數的尋找一樣，這種尋找在很大程度上成為了對電腦運算能力的一種檢驗。1994 年 10 月 30 日，這種尋找竟然使人們發現了英特爾（Intel）奔騰（Pentium）處理器浮點除法運算的一個瑕疵（bug），在工程界引起了不小的震動。截至 2002 年底，人們發現的最大的孿生質數是：

$$(33218925 \times 2^{169690} - 1,\ 33218925 \times 2^{169690} + 1)$$

這對質數中的每一個都長達 51090 位。許多年來這種紀錄一直被持續而成功地刷新著，它們對於純數學的證明來說雖也起不到實質幫助，卻同樣有助於增強人們對孿生質數猜想的信心⑤。

好了，介紹了這麼多關於孿生質數的資料，現在該說說人們在證明孿生質數猜想上所走過的征途了。

迄今為止，在證明孿生質數猜想上的成果大體可以分為兩類。第一類是非估算性的，這方面迄今最好的結果是 1966 年由中國數學家陳景潤利用篩法（sieve method）所取得的⑥。陳景潤證明了：存在無窮多個質數 p，使得 $p+2$ 要麼是質數，要麼是兩個質數的乘積。這個結果的形式與他關於哥德巴赫猜想的結果很類似⑦。目前一般認為，由於篩法本身所具有的侷限性，這一結果在篩法的範圍之內已很難被超越。

證明孿生質數猜想的另一類結果則是估算性的，戈德斯頓和伊爾迪里姆所取得的結果就屬於這一類。這類結果估算的是相鄰質數之間的最小間隔，更確切地說是：

$$\Delta = \liminf_{n \to \infty} \frac{P_{n+1} - P_n}{\ln P_n}$$

翻譯成白話文，這個運算式所定義的是兩個相鄰質數之間的間隔與其中較小的那個質數的對數值之比在整個質數集合中所取的最小值。很明顯，孿生質數猜想要想成立，Δ 必須為 0。因為孿生質數猜想表明 $P_{n+1} - P_n = 2$ 對無窮多個 n 成立，而 $\ln(P_n) \to \infty$，因此兩者之比的最小值對於孿生質數集合——從而對於整個質數集合也——趨於零。不過要注意，$\Delta = 0$ 只是孿生質數猜想成立的**必要條件**，而不是充分條件。換句話說，如果能證明 $\Delta \neq 0$，則孿生質數猜想就被推翻了；但證明了 $\Delta = 0$ 卻並不意味著孿生質數猜想一定成立。

對 Δ 最簡單的估算來自於質數定理。按照質數定理，對於足夠大的 x，在 x 附近質數出現的機率為 $1/\ln(x)$，這表明質數之間的平均間隔為 $\ln(x)$，從而 $(P_{n+1} - P_n) / \ln(P_n)$ 給出的其實是相鄰質數之間的間隔與平均間隔的比值，其平均值顯然為 1 ⑧。平均值為 1，最小值顯然是小於等於 1，因此質數定理給出 $\Delta \leqq 1$。

對 Δ 的進一步估算始於哈代和李特伍德。1926 年，他們運用圓法（circle method）證明了假如廣義黎曼猜想（generalized Riemann hypothesis）成立，則 $\Delta \leqq 2/3$。這一結果後來被蘇格蘭數學家蘭金（Robert Alexander Rankin）改進為 $\Delta \leqq 3/5$。但這兩個結果都有賴於本身尚未得到證明的廣義黎曼猜想，因此只能算是有條件的結果。1940 年，匈牙利數學家艾狄胥（Paul Erdös）利用篩法率先給出了一個不帶條件的結果：$\Delta < 1$（即把質數定理給出的結果中的等號部分去掉了）。此後義大利數

學家里奇（Giovanni Ricci）於 1954 年，義大利數學家蓬皮埃利（Enrico Bombieri）、英國數學家達文波特（Harold Davenport）於 1966 年，以及英國數學家赫胥黎（Martin Huxley）於 1977 年，分別將 Δ 的估算值推進到了 $\Delta \leqq 15/16$，$\Delta \leqq (2+\sqrt{3})/8 \approx 0.4665$，以及 $\Delta \leqq 0.4425$。戈德斯頓和伊爾迪里姆之前最好的結果則是德國數學家梅爾（Helmut Maier）於 1986 年得到的 $\Delta \leqq 0.2486$。

以上這些結果都是在小數點後面做文章，戈德斯頓和伊爾迪里姆的結果將這一系列努力大大推進了一步，並且——如果得到確認的話——將在一定意義上終結對 Δ 進行數值估算的長達幾十年的漫漫征途。因為戈德斯頓和伊爾迪里姆所證明的結果是 $\Delta = 0$。當然，如我們前面所述，$\Delta = 0$ 只是孿生質數猜想成立的必要條件，而不是充分條件，因此戈德斯頓和伊爾迪里姆的結果即便得到確認，離最終證明孿生質數猜想仍有相當的距離，但它無疑將是近十幾年來這一領域中最引人注目的結果。

一旦 $\Delta = 0$ 被證明，下一個努力方向會是什麼呢？一個很自然的方向將是研究 Δ 趨於 0 的方式。孿生質數猜想要求 $\Delta \sim [\ln(P_n)]^{-1}$（因為 $P_{n+1} - P_n = 2$ 對無窮多個 n 成立）。戈德斯頓和伊爾迪里姆的結果所給出的則是 $\Delta \sim [\ln(P_n)]^{-1/9}$，兩者之間還有不小的差距 ⑨。但是看過戈德斯頓和伊爾迪里姆手稿的一些數學家認為，戈德斯頓和伊爾迪里姆所用的方法還存在改進空間。也就是說，他們的方法還有可能對 Δ 趨於 0 的方式作出更強的估計。從這個意義上講，戈德斯頓和伊爾迪里姆這一結果的價值不僅僅在於結果本身，更在於它有可能成為一系列未來研究的起點。這種帶傳承性的系列研究對於數學來說有著雙重的重要性，因為一方面，這種研究可能取得的新結果將是對數學的直接貢獻；另一方面，這種研究對戈德斯頓和伊爾迪里姆的結果會起到反覆推敲與核實的作用。現代數學早已超越了一兩個評審花一兩個小時就可以對一個數學證明做出評判的時代。著名的四色定理（four color theorem）和費馬最後定理（Fermat's last Theorem）都曾有過一個證明時隔幾年、甚至十幾年才被發現錯誤的例子。因此，一個複雜的數學結果能成為進一步研究的起點，吸引其他數學家的參與，對於最終判定其正確性具有極其正面的意義⑩。

2003 年 4 月 6 日寫於紐約
2014 年 9 月 15 日最新修訂

註釋

① 本文撰寫於 2003 年 4 月，是我的第一篇數學科普，填補了作為本人興趣主要組成部分之一的數學在我網站的空白。自那以後，本文曾以「補注」形式對若干後續進展作了簡單提及，並於 2014 年 9 月進行了不改變基本結構的輕微修訂。

② 確切地說，哈代和李特伍德於 1923 年所提出的猜想共有兩個，分別稱為第一哈代－李特伍德猜想（first Hardy-Littlewood conjecture）和第二哈代－李特伍德猜想（second Hardy-Littlewood conjecture）。其中第一哈代－李特伍德猜想又稱為 *k*-tuple 猜想（*k*-tuple conjecture），它給出了所有形如（p，$p+2m_1$，…，$p+2m_k$）（其中 $0<m_1<\cdots<m_k$）的質數 *k*-tuple 的漸近分布。強孿生質數猜想只是 *k*-tuple 猜想的一個特例。

③ 這種定性分析被澳大利亞數學家陶哲軒（Terence Tao）稱為「概率啟發式理由」（probabilistic heuristic justification），它不是證明，但對於判斷命題成立與否有一定的啟示性。

④ 對孿生質數常數 C_2 也存在「概率啟發式理由」，感興趣的讀者可參閱美國數學家查基爾（Don Zagier）的 "The First 50 Million Prime Numbers", Math. Intel.0, 221-224（1977）。

⑤ 截至 2011 年底，這一紀錄已被刷新為：（$3\,756\,801\,695\,685\times2^{666\,669}-1$，$3\,756\,801\,695\,685\times2^{666\,669}+1$），這對質數中的每一個都長達 200700 位。

⑥ 順便說一下，美國數學研究所在介紹本文開頭所提到的戈德斯頓和伊爾迪里姆的結果的簡報中提到陳景潤時所用的稱呼是「偉大的中國數學家陳」（the great Chinese mathematician Chen）。

⑦ 陳景潤關於哥德巴赫猜想的結果——被稱為陳氏定理（Chen's theorem）——是：任何足夠大的偶數都可以表示成兩個數的和，其中一個是質數，另一個

要麼是質數，要麼是兩個質數的乘積。

⑧ 這個「歸一」性也正是在 Δ 的表示式中引進 $\ln(P_n)$ 的原因。

⑨ 本文發布之後，關於戈德斯頓和伊爾迪里姆的工作又有了一些重要的後續發展，其中包括：2003 年 4 月 23 日，英國數學家格蘭維爾（Andrew Granville）和印度數學家桑德拉拉揚（Kannan Soundararajan）發現了戈德斯頓和伊爾迪里姆原始證明中的一個錯誤，並得到了戈德斯頓和伊爾迪里姆的承認；2005 年初，戈德斯頓和伊爾迪里姆「夥同」匈牙利數學家平茲（János Pintz）「捲土重來」，再次證明了 Δ ＝ 0。他們所證明的 Δ 新的漸近行為是：$\Delta \sim [\ln\ln(P_n)]^2/[\ln(P_n)]^{1/2}$ 。

⑩ 2013 年 5 月 14 日，《自然》（Nature）等科學雜誌及大量中外媒體報導了旅美數學家張益唐在孿生質數猜想研究中所取得的一個重要的新進展，即證明了存在無窮多個質數對，其間隔小於 7000 萬。這一進展——如果得到確認的話——相當於證明了波利尼亞克猜想至少對某個小於 3500 萬的 k 成立。用 Δ 來表述的話，則相當於不僅證明了 Δ ＝ 0，而且給出了與孿生質數猜想所要求的相同的漸近行為：$\Delta \sim [\ln(P_n)]^{-1}$ （不過，這一漸近行為跟 Δ ＝ 0 一樣，只是孿生質數猜想成立的必要條件，而不是充分條件）。張益唐的證明用到了戈德斯頓、平茲、伊爾迪里姆等人的結果，並於 2013 年 5 月 21 日被《數學年刊》（Annals of Mathematics）所接受。張益唐的結果也存在改進空間，截至 2014 年 3 月，陶哲軒等數學家已將其中的 7000 萬這一質數間隔「壓縮」到了 246。

魔術方塊與「上帝之數」①

2008 年 7 月，來自世界各地的很多優秀的魔術方塊玩家聚集在捷克共和國（Czech Republic）中部城市帕爾杜比采（Pardubice），參加魔術方塊界的重要賽事：捷克公開賽。在這次比賽上，荷蘭玩家阿克斯迪傑克（Erik Akkersdijk）創下了一個驚人的紀錄：只用 7.08 秒就復原了一個顏色被打亂的魔術方塊。無獨有偶，在這一年的 8 月，人們在研究魔術方塊背後的數學問題上也取得了重要進展。在本文中，我們就來介紹一下魔術方塊以及它背後的數學問題。

風靡世界的玩具

1974 年春天，匈牙利布達佩斯應用藝術學院（Budapest College of Applied Arts）的建築學教授魯比克（Ernö Rubik）萌生了一個有趣的念頭，那就是設計一個教學工具來幫助學生直觀地理解空間幾何中的各種轉動。經過思考，他決定製作一個由一些小方塊組成的，各個面能隨意轉動的 3×3×3 的立方體。這樣的立方體可以很方便地演示各種空間轉動。

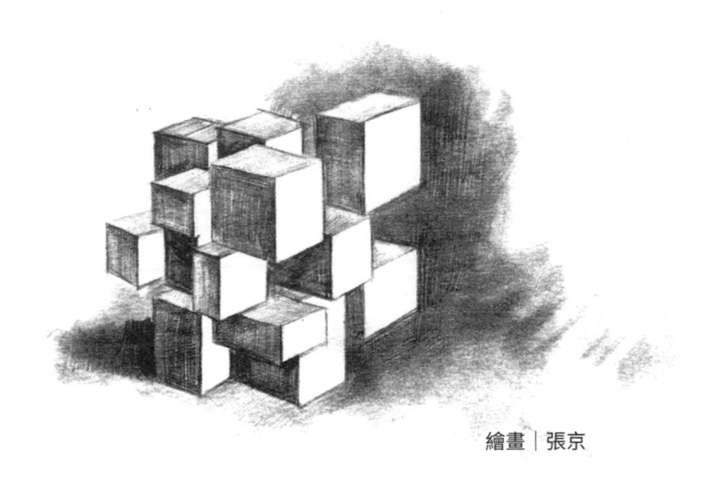

繪畫｜張京

這個想法雖好，實踐起來卻面臨一個棘手的問題，即如何才能讓這樣一個立方體的各個面能隨意轉動？魯比克想了很多點子，比如用磁鐵或橡皮筋連接各個小方塊，但都不成功。那年夏天的一個午後，他在多瑙河畔乘涼，眼光不經意地落在了河畔的鵝卵石上。忽然，他心中閃過一個新的設想：用類似於鵝卵石表面那樣的圓形表面來處理立方體的內部結構。這一新設想成功了，魯比克很快完成了自己的設計，並向匈牙利專利局申請了專利。這一設計就是我們都很熟悉的魔術方塊（magic cube），也叫魯比克方塊（Rubik's cube）②。

6 年後，魯比克的魔術方塊經過一位匈牙利商人兼業餘數學家的牽線，打進了西歐及美國市場，並以驚人的速度成為了風靡全球的新潮玩具。在此後的 25 年間，魔術方塊的銷量超過了 3 億個。在魔術方塊的玩家中，既有牙牙學語的孩子，也有跨國公司的老總。魔術方塊雖未如魯比克設想的那樣成為一種空間幾何的教學工具，卻變成了有史以來最暢銷的玩具。

魔術方塊之暢銷，最大的魔力就在於其數目驚人的顏色組合。一個魔術方塊出廠時每個面各有一種顏色，總共有 6 種顏色，但這些顏色被打亂後，所能形成的組合數卻多達 4325 億億 ③（1 億億＝ 1×10^{16}）。如果我們將這些組合中的每一種都做成一個魔術方塊，這些魔術方塊排在一起，可以從地球一直排到 250 光年外的遙遠星空——也就是說，如果我們在這樣一排魔術方塊的一端點上一盞燈，那燈光要在 250 年後才能照到另一端！如果哪位勤勉的玩家想要嘗試所有的組合，哪怕他不吃、不喝、不睡，每秒鐘轉出 10 種不同的組合，也要花 1500 億年的時間才能如願（作為比較，我們的宇宙目前還不到 140 億歲）。與這樣的組合數相比，廣告商們常用的「成千上萬」、「數以億計」、「數以十億計」等平日裡虛張聲勢、唬嚨顧客的形容詞反倒變成了難得的謙虛。我們可以很有把握地說，假如不掌握訣竅地隨意亂轉，一個人哪怕從宇宙大爆炸之初就開始玩魔術方塊，也幾乎沒有任何希望將一個色彩被打亂的魔術方塊復原。

魔術方塊與「上帝之數」

魔術方塊的玩家多了，相互間的比賽自然是少不了的。自1981年起，魔術方塊愛好者們開始舉辦世界性的魔術方塊大賽，從而開始締造自己的世界紀錄。這一紀錄被不斷地刷新著，截至2013年，復原魔術方塊的最快紀錄已經達到了令人吃驚的5.55秒。當然，單次復原的紀錄存在一定的偶然性，為了減少這種偶然性，自2003年起，魔術方塊大賽的冠軍改由多次復原的平均成績來決定④，截至2013年，這一平均成績的世界紀錄為6.54秒。這些紀錄的出現，表明魔術方塊雖有天文數字般的顏色組合，但只要掌握竅門，將任何一種給定的顏色組合復原所需的轉動次數卻很可能並不多。

那麼，最少需要多少次轉動，才能確保**無論什麼樣的顏色組合**都能被復原呢⑤？這個問題引起了很多人，尤其是數學家們的興趣。這個**復原任意組合**所需的最少轉動次數被數學家們戲稱為「上帝之數」（God's number），而魔術方塊這個玩具世界的寵兒則由於這個「上帝之數」而一舉侵入了學術界。

要研究「上帝之數」，首先當然要研究魔術方塊的復原方法。在玩魔術方塊的過程中，人們早就知道，將任何一種**給定的顏色組合**復原都是很容易的，這一點已由玩家們的無數傑出紀錄所示範。不過魔術方塊玩家們所用的復原方法是便於人腦掌握的方法，卻不是轉動次數最少的，因此無助於尋找「上帝之數」。尋找轉動次數最少的方法是一個有一定難度的數學問題。當然，這個問題是難不倒數學家的。早在20世紀90年代中期，人們就有了較實用的算法，可以用平均15分鐘左右的時間找出復原一種**給定的顏色組合**的**最少轉動次數**。從理論上講，如果有人能對每一種顏色組合都找出這樣的最少轉動次數，那麼這些轉動次數中最大的一個無疑就是「上帝之數」了。但可惜的是，「4325億億」這個巨大數字成為了人們窺視「上帝之數」的攔路虎。如果採用上面提到的算法、用上面提到的速度尋找，哪怕用1億台電腦同時進行，也要用超過

1000 萬年的時間才能完成。

看來蠻幹是行不通的，數學家們於是便求助於他們的老本行：數學。從數學的角度看，魔術方塊的顏色組合雖然千變萬化，其實都是由一系列基本操作——即轉動——產生的，而且那些操作還具有幾個非常簡單的特點，比如任何一個操作都有一個相反的操作（比如與順時針轉動相反的操作就是逆時針轉動）。對於這樣的操作，數學家們的「武器庫」中有一種非常有效的工具來對付它，這工具叫做群論（group theory），它比魔術方塊早 140 多年就已出現了。據說德國數學大師希爾伯特（David Hilbert）曾經表示，學習群論的竅門就是選取一個好的例子。自魔術方塊問世以來，數學家們已經寫出了好幾本通過魔術方塊講述群論的書。因此，魔術方塊雖未成為空間幾何的教學工具，卻在一定程度上可以作為學習群論的「好的例子」。

對魔術方塊研究來說，群論有一個非常重要的優點，就是可以充分利用魔術方塊的對稱性。我們前面提到「4325 億億」這個巨大數字時，其實有一個疏漏，那就是未曾考慮到魔術方塊作為一個立方體所具有的對稱性。由此導致的結果，是那 4325 億億種顏色組合中有很多其實是完全相同的，只是從不同的角度去看——比如讓不同的面朝上或者通過鏡子去看——而已。因此，「4325 億億」這個令人望而生畏的數字實際上是「灌水」來的。那麼，灌的「水分」占多大比例呢？說出來嚇大家一跳：占了將近 99%！換句話說，僅憑對稱性一項，數學家們就可以把魔術方塊的顏色組合減少兩個數量級 ⑥。

但減少兩個數量級對於尋找「上帝之數」來說還是遠遠不夠的，因為那不過是將前面提到的 1000 萬年的時間減少為了 10 萬年。對於解決一個數學問題來說，10 萬年顯然還是太長了，而且我們也並不指望真有人能動用 1 億台電腦來計算「上帝之數」。數學家們雖然富有智慧，在其他方面卻不見得富有，他們真正能動用的也許只有自己書桌上那台電腦。因此為了尋找「上帝之數」，人們還需要更巧妙的思路。幸運的是，群論這一工具的威力遠不只是用來分析像立方體的對稱性那樣顯而易見的東西，在它的幫助下，更巧妙的思路很快就出現了。

尋找「上帝之數」

1992 年，德國數學家科先巴（Herbert Kociemba）提出了一種尋找魔術方塊復原方法的新思路 ⑦。他發現，在魔術方塊的基本轉動方式中，有一部分可以自成系列，通過這部分轉動可以形成將近 200 億種顏色組合 ⑧。利用這 200 億種顏色組合，科先巴將魔術方塊的復原問題分解成了兩個步驟：第一步是將任意一種顏色組合轉變為那 200 億種顏色組合之一，第二步則是將那 200 億種顏色組合復原。如果我們把魔術方塊的復原比作是讓一條汪洋大海中的小船駛往一個固定目的地，那麼科先巴提出的那 200 億種顏色組合就好比是一片特殊水域——一片比那個固定目的地大了 200 億倍的特殊水域。他提出的兩個步驟就好比是讓小船首先駛往那片特殊水域，然後從那裡駛往那個固定目的地。在汪洋大海中尋找一片巨大的特殊水域，顯然要比直接尋找那個小小的目的地容易得多，這就是科先巴新思路的巧妙之處。

但即便如此，要用科先巴的新思路對「上帝之數」進行估算仍不是一件容易的事。尤其是，要想進行快速計算，最好是將復原那 200 億種顏色組合的最少轉動次數（這相當於是那片特殊水域的「地圖」）儲存在電腦的記憶體中，這大約需要 300 百萬位元（300MB）的記憶體。300MB 在今天看來是一個不太大的數目，但在科先巴提出新思路的年代，普通電腦的記憶體連它的十分之一都遠遠不到。因此直到 3 年之後，才有人利用科先巴的新思路給出了第一個估算結果。此人名叫里德（Michael Reid），是美國中佛羅里達大學（Unversity of Central Florida）的數學家。1995 年，里德通過計算發現，最多經過 12 次轉動，就可以將魔術方塊的任意一種顏色組合轉變為科先巴新思路中那 200 億種顏色組合之一；而最多經過 18 次轉動，就可以將那 200 億種顏色組合中的任意一種復原。這表明，最多經過 12 ＋ 18 ＝ 30 次轉動，就可以將魔術方塊的任意一種顏色組合復原。

在得到上述結果後，里德很快對自己的估算作了改進，將結果從 30 減少為了 29，這表明「上帝之數」不會超過 29。此後隨著電腦技術的發展，數學家們對里德的結果又作出了進一步改進，但進展並不迅速。直到 11 年後的 2006 年，奧地利克卜勒大學（Johannes Kepler University）符號計算研究所（Research Institute for Symbolic Computation）的博士生拉杜（Silviu Radu）才將結果推進到了 27。第二年（即 2007 年），美國東北大學（Northeastern University）的電腦科學家孔克拉（Dan Kunkle）和庫伯曼（Gene Cooperman）又將結果推進到了 26，他們的工作採用了平行計算系統，所用的最大儲存空間高達 700 萬 MB，所耗的計算時間則長達 8000 小時（相當於將近一年的 24 小時不停歇計算）。

這些計算表明，「上帝之數」不會超過 26。但是，所有這些計算的最大優點——即利用科先巴新思路中那片特殊水域——同時也是它們最致命的弱點，因為它們給出的復原方法都必須經過那片特殊水域。可事實上，很多顏色組合的最佳復原方法根本就不經過那片特殊水域，比如緊鄰目的地，卻恰好不在特殊水域中的任何小船，顯然都沒必要像中國大陸和臺灣之間的直航包機一樣，故意從那片特殊水域繞一下才前往目的地。因此，用科先巴新思路得到的復原方法未必是最佳的，由此對「上帝之數」所做的估計也極有可能是高估。

可是，如果不引進科先巴新思路中的特殊水域，計算量又實在太大，怎麼辦呢？數學家們決定採取折中手段，即擴大那片特殊水域的「面積」。因為特殊水域越大，最佳復原路徑恰好經過它的可能性也就越大（當然，計算量也會有相應的增加）。2008 年，研究「上帝之數」長達 15 年之久的電腦高手羅基奇（Tomas Rokicki）運用了相當於將科先巴新思路中的特殊水域擴大幾千倍的巧妙方法，在短短幾個月的時間內對「上帝之數」連續發動了四次猛烈攻擊，將它的估計值從 25 一直壓縮到了 22 ——這就是本文開頭提到的人們在研究魔術方塊背後的數學問題上取得的重要進展。羅基奇的計算得到了電影特效製作商索尼圖形圖像運作公司（Sony Pictures Imageworks）的支持，這家曾為《蜘蛛人》（Spider-Man）等著名影片製作特效的公司向羅基奇提供了相當於 50 年不停歇計算所需的電腦資源。

由此我們進一步知道，「上帝之數」一定不會超過 22。但是，羅基奇雖然將科先巴新思路中的特殊水域擴展得很大，終究仍有一些顏色組合的最佳復原方法是無需經過那片特殊水域的，因此，「上帝之數」很可能比 22 更小。那麼，它究竟是多少呢？種種跡象表明，它極有可能是 20。這是因為，人們在過去這麼多年的所有努力——其中包括羅基奇直接計算過的大約 4000 萬億種顏色組合——中，都從未遇到過任何必須用 20 次以上轉動才能復原的顏色組合，這表明「上帝之數」很可能不大於 20；另一方面，人們已經發現了幾萬種顏色組合，它們必須要用 20 次轉動才能復原，這表明「上帝之數」不可能小於 20。將這兩方面綜合起來，數學家們普遍相信，「上帝之數」的真正數值就是 20。

2010 年 8 月，這個遊戲與數學交織而成的神秘的「上帝之數」終於水落石出：研究「上帝之數」的「元老」科先巴、「新秀」羅基奇，以及另兩位合作者——大衛森（Morley Davidson）和德斯里奇（John Dethridge）——宣布了對「上帝之數」是 20 的證明 ⑨。他們的證明得到了 Google 公司提供的相當於英特爾（Intel）四核心處理器 35 年不停歇計算所需的電腦資源。

因此，現在我們可以用數學特有的確定性來宣布「上帝之數」的數值了，那就是：20。

2008 年 11 月 2 日寫於紐約
2014 年 9 月 18 日最新修訂

註釋

① 本文曾發表於《科學畫報》2008 年第 12 期（上海科學技術出版社出版）。

② 「魔術方塊」是魯比克自己為這一設計所取的名字，「魯比克方塊」則是美國玩具公司 Ideal Toys 所取的名字。在西方國家，魯比克方塊這一名稱更為流行，在中國，則是魔方這一名稱更為流行，台灣則稱魔術方塊。另外要提醒讀者的是，魔術方塊有很多種類，本文介紹的 3×3×3 魔術方塊只是其中最常見的一種。

③ 具體的計算是這樣的：在組成魔術方塊的小立方體中，有 8 個是頂點，它們之間有 8! 種置換；這些頂點每個有 3 種顏色，從而在朝向上有 3^7 種組合（由於結構所限，魔術方塊的頂點只有 7 個能有獨立朝向）。類似地，魔術方塊有 12 個小立方體是邊，它們之間有 12!/2 種置換（之所以除以 2，是因為魔術方塊的頂點一旦確定，邊的置換就只有一半是可能的）；這些邊每個有兩種顏色，在朝向上有 2^{11} 種組合（由於結構所限，魔術方塊的邊只有 11 個能有獨立朝向）。因此，魔術方塊的顏色組合總數為 $8!\times3^7\times12!\times2^{11}/2$=43 252 003 274 489 856 000，即大約 4325 億億。另外值得一提的是，倘若我們允許將魔術方塊拆掉重組，則前面提到的結構限定將不復存在，它的顏色組合數將多達 51900 億億種。不過顏色組合數的增加並不意味著復原的難度變大，魔術方塊結構對顏色組合數的限制實際上正是使魔術方塊的復原變得困難的主要原因。舉個例子來說，26 個英文字母在相鄰字母的交換之下共有約 400 億億億種組合，遠遠多於魔術方塊顏色的組合數，但通過相鄰字母的交換將隨意排列的 26 個英文字母復原成從 A 到 Z 的初始排列卻非常簡單。

④ 確切地說是取 5 次嘗試中居中的 3 次成績的平均值。

⑤ 為了使這一問題有意義，當然首先要定義什麼是轉動。在對魔術方塊的數學研究中，轉動是指將魔術方塊的任意一個（包含 9 個小方塊的）面沿順時針或逆時針方向轉動 90 度或 180 度，對每個面來說，這樣的轉動共有 3 種。（請讀者想一想，為什麼不是 4 種？）由於魔術方塊有 6 個面，因此它的基本轉動方式共有 18 種。

⑥ 確切地說，是減少至 1/96，或 45 億億種組合。

⑦ 科先巴的新思路是本文介紹的一系列計算研究的起點，但並不是最早的魔術方

塊算法。早在 1981 年，目前在美國田納西大學（University of Tennessee），當時在倫敦南岸大學（London South Bank University）的數學家西斯爾斯韋特（Morwen Thistlethwaite）就提出了一種算法，被稱為西斯爾斯韋特算法（Thistlethwaite algorithm）。西斯爾斯韋特算法可保證通過不超過 52 次轉動復原魔術方塊的任意一種顏色組合（相當於證明了上帝之數不超過 52），在科先巴新思路問世之前的 1991 年，這一數字曾被壓縮到 42。

⑧ 確切地說，是 18 種基本轉動方式中有 10 種自成系列，由此形成的顏色組合共有 8!×8!×4! /2（約 195 億）種。

⑨ 他們所宣布的證明完成時間為 2010 年 7 月。

ABC 猜想淺說①

由前三個英文字母拼合而成的「ABC」一詞據說自 13 世紀起便見諸文獻了，含義為「入門」。這些年隨著英文在中國的流行，該詞在中文世界裡也奪得了一席之地，出現在了很多圖書的書名中，大有跟中文詞「入門」一較高下之勢。不過，倘若你在數學文獻中看到一個以「ABC」命名的猜想——「ABC 猜想」（ABC conjecture），千萬不要以為那是一個「入門」級別的猜想。事實上，這一猜想在公眾知名度方面或許尚處於「入門」階段，以難度和地位而論卻絕不是「入門」級別的。在本文中，我們將對這一並非「入門」級別的猜想做一個「入門」級別的介紹。

繪畫｜張京

什麼是 ABC 猜想？

在介紹之前，讓我們先回憶一下中小學數學中的兩個簡單概念。其中第一個概念是質數（prime number）。我們知道，很多正整數可以分解為其他——即不同於它自己的　　正整數的乘積，比如 9 ＝ 3×3，231 ＝ 3×7×11，等等。但也有一些正整數不能這麼分解，比如 13、29 等。這後一類正整數—— 1 除外——就是所謂的質數。質數是一個被稱為「數論」（number theory）的數學分支中的核心概念，其地位常被比喻為物理學中的原子（atom），因為與物理學中物質可以分解為原子相類似，數學中所有大於 1 的正整數都可以分解為質數的乘積（質數本身被視為是自己的分解）②。第二個概念則是互質（coprime）。兩個正整數如果其質數分解中不存在共同的質數，就稱為是互質的，比如 21 ＝ 3×7 和 55 ＝ 5×11 就是互質的③。

有了這兩個簡單概念，我們就可以介紹 ABC 猜想了。ABC 猜想針對的是滿足兩個簡單條件的正整數組（A, B, C）④。其中第一個條件是 A 和 B 互質，第二個條件是 A ＋ B ＝ C。顯然，滿足這種條件的正整數組——比如（3, 8, 11）、（16, 17, 33）……——有無窮多個（請讀者自行證明）。為了引出 ABC 猜想，讓我們以（3, 8, 11）為例，做一個三步驟的簡單計算：

（1）將 A、B、C 乘起來（結果是 $3\times8\times11 = 264$）；
（2）對乘積進行質數分解（結果是 $264 = 2^3\times3\times11$）；
（3）將質數分解中所有不同的質數乘起來（結果是 $2\times3\times11 = 66$）。

現在，讓我們將 A、B、C 三個數字中較大的那個（即 C）與步驟（3）的結果比較一下。我們發現後者大於前者（因為後者為 66，前者為 11）。讀者可以對上面所舉的另一個例子——即（16, 17, 33）——也試一下，你會發現同樣的結果。如果隨便找一些其他例子，你也很可能發現同樣的結果。

但你若因此以為這是規律，那就完全錯了，因為它不僅不是規律，而且有無窮多的反例。比如（3, 125, 128）就是一個反例（請讀者自行驗證）。但是，數學家們猜測，如果把步驟（3）的結果放大成它的一個大於 1 的冪，那個冪哪怕只比 1 大上一丁點兒（比如 1.00000000001），情況就有可能大不一樣。這時它雖仍未必保證能夠大於三個數字中較大的那個（即 C），但反例的數目將由無窮變為有限。這個猜測就是所謂的 ABC 猜想 ⑤，它是由英國數學家麥瑟爾（David Masser）和法國數學家厄斯特勒（Joseph Oesterlé）於 20 世紀 80 年代中期彼此獨立地提出的。「ABC」這個毫無創意的名字——大家可能猜到了——則是來自把猜想中涉及到的三個數字稱為 A、B、C 的做法，而非「入門」之意。

與數學猜想大家庭中的著名成員，如黎曼猜想（Riemann hypothesis）、哥德巴赫猜想（Goldbach conjecture）、孿生質數猜想（twin prime conjecture），以及（已被證明了的）曾經的費馬猜想（Fermat conjecture）、四色猜想（four-color conjecture）等相比，ABC 猜想的「資歷」是很淺的（其他那些猜想都是百歲以上的「老前輩」），公眾知名度也頗有不及，但以重要性而論，則除黎曼猜想外，上述其他幾個猜想都得退居其後。

ABC 猜想為什麼重要？

ABC 猜想有一個在普通人看來並不奧妙的特點，就是將整數的加法性質（比如 A+B=C）和乘法性質（比如質數概念——因為它是由乘法性質所定義的）交互在了一起。不過，數學家們早就知道，由這兩種本身很簡單的性質交互所能產生的複雜性是近乎無窮的。數論中許多表述極為淺顯、卻極難證明的猜想（或曾經的猜想），比如前面提到的哥德巴赫猜想、孿生質數猜想、費馬猜想等都具有這種加法性質和乘法性質相交互的特性。數論中一個很重要的分支——旨在研究整係數代數方程的整數解的所謂丟番圖分析（Diophantine analysis）——更是整個分支都具有這一特性。丟番圖分析的困難性是頗為出名的，著名德國數學家希爾伯特（David Hilbert）曾樂觀地希望能找到一勞永逸的解決方案，可惜這個被稱為希爾伯特第十問題的希望後來落了空，被證明是不可能實現的。⑥與希爾伯特的樂觀相反，美國哥倫比亞大學（Columbia University）的數學家戈德菲爾德（Dorian Goldfeld）曾將丟番圖分析比喻為飛蠅釣（fly-fishing）——那是發源於英國貴族的一種特殊的釣魚手法，用甩出去的誘餌模擬飛蠅等昆蟲的飛行姿態，以吸引兇猛的掠食性魚類。飛蠅釣的特點是技巧高、難度大、成功率低，而且只能一條一條慢慢地釣——象徵著丟番圖分析只能一個問題一個問題慢慢地啃，而無法像希爾伯特所希望的那樣一勞永逸地解決掉。

但是，與交互了加法性質和乘法性質的其他猜想或問題不同的是，ABC 猜想這個從表述上看頗有些拖泥帶水（因為允許反例）的猜想似乎處於某種中樞地位上，它的解決將直接導致一大類其他猜想或問題的解決。拿丟番圖分析來說，戈德菲爾德就表示，假如 ABC 猜想能被證明，丟番圖分析將由飛蠅釣變為最強力——乃至野蠻——的炸藥捕魚，一炸就是一大片，因為 ABC 猜想能「將無窮多個丟番圖方程轉變為單一數學命題」。這其中最引人注目的「戰利品」將是曾作為猜想存在了 300 多年，一度被《金氏世界紀錄》（Guinness Book of World Records）稱為「最困難數學問題」的費馬猜想。這個直到 1995 年才被英國數學家懷爾斯（Andrew Wiles）以超過 100 頁的長篇論文所解決的猜想在 ABC 猜想成立的前提下，將只需不到一頁的數學推理就能確立 ⑦。其他很多長期懸而未決的數學猜想或問題也將被一併解決。這種與其他數學命題之間的緊密聯繫是衡量一個數學命題重要性的首要「考評」指標，ABC 猜想在這方面無疑能得高分——或者用戈德菲爾德的話說，是「丟番圖分析中最重要的未解決問題」，「是一種美麗」。

ABC 猜想的重要性吸引了很多數學家的興趣，但它的艱深遲滯了取得進展的步伐。截至 2001 年，數學家們在這一猜想上取得的最好結果乃是將上述步驟（3）的結果放大成它的某種指數函數 ⑧。由於指數函數的大範圍增長速度遠比冪函數快得多，由它來保證其大於 A、B、C 三個數字中較大的那個（即 C）當然要容易得多（相應地，命題本身則要弱得多）。

除上述理論結果外，自 2006 年起，由荷蘭萊頓大學（Leiden University）的數學系牽頭，一些數學和電腦愛好者建立了一個名為 ABC@Home 的分散式運算（distributed computing）系統，用以尋找 ABC 猜想所允許的反例。截至 2014 年 4 月，該系統已經找到了超過 2380 萬個反例，而且還在繼續增加著。不過，與這一系統的著名「同行」——比如尋找外星智慧生物的 SETI 以及計算黎曼 ζ 函數非平凡零點的已經關閉了的 ZetaGrid ——不同的是，ABC@Home 是既不可能證明，也不可能否證 ABC 猜想的（因為 ABC 猜想本就允許數量有限的反例）。從這個意義上講，ABC@Home 的建立更多地只是出於對具體反例——尤其是某些極端情形下的反例，比如數值最大的反例——的好奇。當然，具體反例積累多了，是否會衍生出有關反例分布的猜想，也是不無趣味的懸念。另外，ABC 猜想還有一些拓展版本，比如對某些情形下的反例數目給出具體數值的版本，ABC@Home 對那種版本原則上是有否證能力的。

ABC 猜想被證明了嗎？

如前所述，ABC 猜想的公眾知名度與一些著名猜想相比是頗有不及的。不過，2012 年 9 月初，包括《自然》（Nature）、《科學》（Science）在內的一些重量級學術刊物，以及包括《紐約時報》（New York Times）在內的許多著名媒體卻紛紛撰寫或轉載了有關 ABC 猜想的消息，使這一猜想在短時間內著實風光了一番。促成這一風光的是日本數學家望月新一（Shinichi Mochizuki）。2012 年 8 月底，望月新一發表了由四篇長文組成的系列論文的第四篇，宣稱證明了包括 ABC 猜想在內的若干重要猜想。這一宣稱被一些媒體稱為是能與 1993 年懷爾斯宣稱證明了費馬猜想，以及 2002 年裴瑞爾曼（Grigori Perelman）宣稱證明了龐加萊猜想（Poincaré conjecture）相提並論的事件。

由於這一原因，我應約撰寫本文時，約稿編輯曾希望我能找認識望月新一的華人數學家聊聊，挖出點獨家新聞來。可惜我不得不有負此托了，因為別說是我，就連《紐約時報》等擅挖材料的重量級媒體在報導望月新一其人時，也基本沒能超出他在自己網站上公佈的資訊。

按照那些資訊，望月新一 1969 年 3 月 29 日出生於日本東京，16 歲（即 1985 年）進入美國普林斯頓大學（Princeton University）就讀本科，三年後進入研究生院，師從著名德國數學家、1986 年費爾茲獎（Fields Medal）得主法爾廷斯（Gerd Faltings），23 歲（即 1992 年）獲得數學博士學位。此後，他先是「海歸」成京都大學（Kyoto University）數理解析研究所（Research Institute for Mathematical Sciences）的研究員（Research Associate），幾個月後又前往美國哈佛大學從事了近兩年的研究，然後重返京都大學。2002 年，33 歲的望月新一成為了京都大學數理解析研究所的教授。望月新一的學術聲譽頗佳，曾獲得過日本學術獎章（Japan Academy Medal）等榮譽。

有關望月新一其人的資訊大體就是這些，但讀者不必過於失望，因為望月新一所宣稱的對 ABC 猜想的證明雖引起了很大關注，離公認還頗有距離，因此目前恐怕還未到挖掘其生平的最佳時機。事實上，在 ABC 猜想並不漫長的歷史中，這並不是第一次有人宣稱解決了這一猜想。2007 年，法國數學家施皮羅（Lucien Szpiro）就曾宣稱解決了 ABC 猜想。施皮羅的學術聲譽不在望月新一之下，不僅是領域內的專家，其工作甚至間接促成了 ABC 猜想的提出。但是，人們很快就在他的證明中發現了漏洞。這種宣稱解決了一個重大數學猜想，隨後卻被發現漏洞的例子在數學史上比比皆是。因此，任何證明從宣稱到公認，必須經過同行的嚴格檢驗。這一檢驗視證明的複雜程度而定，可長可短。不過對於望月新一的「粉絲」來說，恐怕得有長期等待的心理準備，因為望月新一那四篇論文的總長度超過了 500 頁，幾乎是懷爾斯證明費馬猜想的論文長度的四倍！更糟糕的是，望月新一的證明採用了他自己發展起來的數學工具，這種工具據說是對以抽象和艱深著稱的 1966 年費爾茲獎得主格羅滕迪克（Alexander Grothendieck）的某些代數幾何方法的推廣，除他本人外，數學界並無第二人通曉 ⑨。就連研究方向與望月新一相近的英國牛津大學（University of Oxford）的韓國數學家金明迥（Minhyong Kim）都表示，「我甚至無法對（望月新一的）證明給出一個專家概述，因為我並不理解它」，「僅僅對局勢有一個一般瞭解也得花費一段時間」。美國威斯康辛大學（University of Wisconsin）的數學家艾倫伯格（Jordan Ellenberg）則表示閱讀望月新一的論文「彷彿是在閱讀外星人的東西」（reading something from outerspace）。2006 年費爾茲獎得主、澳大利亞數學家陶哲軒（Terence Tao）也表示「現在對這一證明有可能正確還是錯誤做出評斷還為時過早」。

像望月新一那樣宣稱用自創的數學工具證明著名數學猜想的事例在數學界也是有先例的。2004 年，美國普渡大學（Purdue）的數學教授德布朗基（Louisde Branges）宣稱證明了著名的黎曼猜想，他所用的也是自創的數學工具。不過德布朗基在數學界的聲譽和口碑均極差，加之年事已高（七旬老漢），其宣稱遭到了數學界的冷淡對待 ⑩。與之不同的是，望月新一卻不僅有良好的學術聲譽，精力和研究能力也尚處於巔峰期。用陶哲軒的話說，望月新一「與裴瑞爾曼和懷爾斯類似」，「是一個多年來致力於解決重要問題，在領域內享有很高聲譽的第一流數學家」。有鑑於此，數學界不僅對望月新一的證明給予了重視，對他自創的方法也表示了興趣，比如美國史丹福大學（Stanford University）的數學家康拉德（Brian Conrad）就表示「激動人心之處不僅在於（ABC）猜想有可能已被解決，而且在於他（望月新一）必須引入的技巧和洞見應該是解決未來數論問題的非常有力的工具」。戈德菲爾德也認為「望月新一的證明如果成立，將是 21 世紀數學最驚人的成就」。

在這種興趣的驅動下，一些數學家已經開始對望月新一的證明展開檢驗與討論，比如著名數學討論網站 Math Overflow 就已出現了一些有金明迥、陶哲軒等一流數學家參與的認真討論。不過，檢驗過程何時才能完成，目前還不得而知，檢驗的結果如何，更是無從預料。證明得到公認固然是很多人樂意見到的，但一個長達 500 多頁的證明存在漏洞也是完全可能的，當年懷爾斯對費馬猜想的「只有」100 多頁的證明，其早期版本就存在過漏洞，經過一年多的時間才得以彌補。不過，無論望月新一的證明是否成立，不少數學家對 ABC 猜想本身的成立倒是都抱有樂觀態度，這一方面是因為能因這一猜想的成立而得到證明的很多數學命題（比如如今被稱為費馬最後定理的費馬猜想）已經通過其他途徑得到了證明，從而表明 ABC 猜想的成立與數學的其他部分有很好的相容性（著名的黎曼猜想也有這樣的特點）。另一方面，ABC 猜想還得到了一些啟發性觀點的支持，比如陶哲軒就從所謂的「概率啟發式理由」（probabilistic heuristic justification）出發，預期 ABC 猜想應該成立 ⑪。

當然，信心和預期取代不了證明。望月新一證明的命運將會如何？ABC 猜想究竟被證明了沒有？都將有待時間來回答 ⑫。

2012 年 10 月 14 日寫於紐約

2014 年 10 月 1 日最新修訂

註釋

① 本文是應《南方週末》約稿而寫的「ABC 猜想」簡介，曾以〈望月「摘月」〉為標題發表於 2012 年 10 月 25 日（發表稿經編輯改動，係刪節版）。本文的完整版發表於《數學文化》2014 年 11 月刊。

② 不僅如此，這樣的分解還可以被證明是唯一的．這被稱為算術基本定理（fundamental theorem of arithmetic）。

③ 對這一定義還有一個小小的補充，即 1 被定義為與所有正整數都互質。

④ 為了簡單起見，我們的介紹是針對正整數的，但 ABC 猜想其實也可以針對整數進行表述，兩者並無實質差別。我們將後者留給感興趣的讀者去做。

⑤ 這裡可以略作一點補充：步驟（3）的結果因不含任何質數因數的平方，被稱為 A、B、C 三個數字乘積的「無平方部分」（square-free part），簡記為 sqp(ABC)——不過要注意的是，這一記號在某些文獻中有不同含義，與本文含義相一致的另一種記號為 rad(ABC)。用這一記號，ABC 猜想可以表述為「對任意給定的 n ＞ 1，只有有限多組（A, B, C）滿足 $sqp(ABC)^n<C$」（當然，別忘了 A 和 B 互質及 A+B=C 這兩個條件）。這一表述通常見諸科普介紹，在專業文獻中 ABC 猜想往往被表述為「對任意給定的 n ＞ 1, $sqp(ABC)^n/C$ 的下界大於零」。感興趣的讀者不妨由「科普表述」出發，證明一下「專業表述」（不過要提醒讀者的是：相反方向的證明，即由「專業表述」證明「科普表述」，並不是輕而易舉的）。另外要說明的是，正文提到的所謂 ABC 猜想所允許的「反例」乃是「科普表述」特有的提法，意指滿足 $sqp(ABC)^n<C$ 的那有限多組（A, B, C），在「專業表述」中是沒有所謂「反例」的提法的。

⑥ 對這一點感興趣的讀者可參閱拙作《小樓與大師：科學殿堂的人和事》（清華大學出版社，2014 年）中的《希爾伯特第十問題漫談》一文。

⑦ 這個關於在 ABC 猜想成立的前提下，費馬猜想將只需「不到一頁的數學推理就能確立」（establishing in less than a page of mathematical reasoning）的不無誇張的說法出自美國數學協會（Mathematical Association of America）的出版主管、著名美國數學科普作家彼得森（Ivars Peterson）。不過，該說法雖然誇張，卻並非完全「唬嚨」。為了說明這一點，並作為對如何由 ABC 猜想證明其他命題的演示，我們在這裡介紹一個「不到一頁的數學推理」：假設

費馬猜想不成立，即存在互質的（這點請讀者自行證明）正整數 x、y、z 使得 $x^k+y^k=z^k$（k>2）。則由前面注釋給出的 ABC 猜想的「專業表述」可知（取 n=7/6）：$\mathrm{sqp}(x^k y^k z^k)^{7/6}/z^k > \varepsilon$（$\varepsilon > 0$）。由於 $\mathrm{sqp}(x^k y^k z^k) = \mathrm{sqp}(xyz) \leqq xyz < z^3$，因此 $z^{3.5-k} > \varepsilon$。顯然，對所有 $k \geqq 4$，只有小於（由 ε 決定的）某個數值的有限多個 z 能滿足該不等式，而且當 k 大於（由 ε 決定的）某個數值後，將不會有任何 z 滿足該不等式。這表明，對所有 $k \geqq 4$，費馬猜想的反例即便有也只能有有限多個，而且 k 大到一定程度後將不再有反例。因此，證明費馬猜想就變成了證明 k=3 的情形（這在兩百多年前就已完成），以及通過數值驗證排除總數有限的反例。這雖然並非「不到一頁的數學推理」就能確立的，比起懷爾斯的證明來畢竟是直截了當多了。倘若歷史走的是不同的路徑，費馬是在 ABC 猜想被證明之後才提出的費馬猜想，他那句戲劇性的「我發現了一個真正出色的證明，可惜頁邊太窄寫不下來」倒是不無成立之可能。

⑧ 具體地說，截至 2001 年，這方面的最好結果是 $\exp[K \cdot \mathrm{sqp}(ABC)^{1/3+\varepsilon}]/C > 1$，其中 K 是與 ε 有關（但與 A、B、C 無關）的常數。

⑨ 望月新一自創的那種數學工具被稱為 inter-universal Teichmuller theory 或 inter-universal geometry。他在其網站上則稱自己為 inter-universal Geometer.

⑩ 對此事感興趣的讀者可參閱拙作《黎曼猜想漫談》的第 35 章。

⑪ 陶哲軒的「概率啟發式理由」的要點是將數論命題——比如一個數是質數——視為概率性命題，並利用概率工具來猜測數學命題的成立與否。這種做法的一個例子是對孿生質數猜想成立的猜測（參閱收錄於本書的拙作「孿生質數猜想」所介紹的有關該猜想的「簡單的定性分析」）。

⑫ 望月新一的證明發布至今已兩年多，這期間美國耶魯大學（Yale University）的數學系研究生季米特洛夫（Vesselin Dimitrov）及史丹福大學（Stanford University）的數學家文卡塔斯（Akshay Venkatesh）曾寫信向他指出過一個錯誤。望月新一承認了錯誤，但表示那是一個不影響結論的小錯誤。此後，他數度更新了自己的論文，截至本文修訂之日（2014 年 10 月 1 日），他更新後的四篇論文總長度超過了 550 頁，最近一次更新的日期則為 2014 年 9 月 15 日。

Google 背後的數學①

引言

在如今這個網際網路時代，有一家公司家喻戶曉——它自 1998 年問世以來，在極短的時間內就聲譽鵲起，不僅超越了所有競爭對手，而且徹底改觀了整個網際網路的生態。這家公司就是當今網際網路上的第一搜尋引擎：Google。

繪畫｜張京

在這樣一家顯赫的公司背後，自然有許許多多商戰故事，也有許許多多成功因素。但與普通商戰故事不同的是，在 Google 的成功背後起著最關鍵作用的卻是一個數學因素。

本文要談的就是這個數學因素。

Google 作為一個搜尋引擎，它的核心功能顧名思義，就是網頁搜尋。說到搜尋，我們都不陌生，因為那是凡地球人都會的技能。我們在字典裡查個生字，在圖書館裡找本圖書，甚至在商店裡尋一種商品等等，都是搜尋。只要稍稍推究一下，我們就會發現那些搜尋之所以可能，並且人人都會，在很大程度上得益於以下三條：

(1) 搜尋物件的數量較小——比如一本字典收錄的字通常只有一兩萬個，一家圖書館收錄的不重複圖書通常不超過幾十萬種，一家商店的商品通常不超過幾萬種等等。

(2) 搜尋物件具有良好的分類或排序——比如字典裡的字按拼音排序，圖書館裡的圖書按主題分類，商店裡的商品按品種或用途分類等等。

(3) 搜尋結果的重複度較低——比如字典裡的同音字通常不超過幾十個，圖書館裡的同名圖書和商店裡的同種商品通常也不超過幾十種等等。

但網際網路的鮮明特點卻是以上三條無一滿足。事實上，即便在 Google 問世之前，網際網路上的網頁總數就已超過了諸如圖書館藏書數量之類傳統搜尋對象的數目。而且這還只是冰山一角，因為與搜尋圖書時單純的書名搜尋不同，網際網路上的搜尋往往是對網頁內容的直接搜尋，這相當於將圖書裡的每一個字都變成了搜尋對象，由此導致的數量才是真正驚人的，它不僅直接破壞了上述第一條，而且連帶破壞了二、三兩條。在網際網路發展的早期，像雅虎（Yahoo）那樣的門戶網站曾試圖為網頁建立分類系統，但隨著網頁數量的激增，這種做法很快就「掛一漏萬」了。而搜索結果的重複度更是以快得不能再快的速度走向失控。這其實是可以預料的，因為幾乎所有網頁都離不開幾千個常用詞，因此除非搜尋生僻詞，否則出現幾十萬、幾百萬、甚至幾千萬條搜尋結果都是不足為奇的。

網際網路的這些「不良特點」給搜尋引擎的設計帶來了極大的挑戰。而在這些挑戰之中，相對來說，對一、二兩條的破壞是比較容易解決的，因為那主要是對搜尋引擎的儲存空間和計算能力提出了較高要求，只要有足夠多的錢來買「裝備」，這些都還能算是容易解決的——套用電視連續劇《蝸居》中某貪官的臺詞來說，「能用錢解決的問題就不是大問題」。但對第三條的破壞卻要了命了，因為無論搜尋引擎的硬體如何強大，速度如何快捷，要是搜索結果有幾百萬條，那麼任何用戶想從其中「海選」出自己真正想要的東西都是幾乎不可能的。這一點對早期搜尋引擎來說可謂是致命傷，而且它不是用錢就能解決的問題。

這致命傷該如何治療呢？藥方其實很簡單，那就是對搜尋結果進行排序，把使用者最有可能需要的網頁排在最前面，以確保用戶能很方便地找到它們。但問題是：網頁的水準千差萬別，用戶的喜好更是萬別千差，網際網路上有一句流行語叫做：「在網際網路上，沒人知道你是一隻狗（On the Internet, nobody knows you're a dog）。」連用戶是人是狗都「沒人知道」，搜尋引擎又怎能知道哪些搜尋結果是使用者最有可能需要的，並對它們進行排序呢？

在 Google 主導網際網路搜尋之前，多數搜尋引擎採用的排序方法，是以被搜尋詞語在網頁中的出現次數來決定排序——出現次數越多的網頁排在越前面。這個判據不能說毫無道理，因為用戶搜尋一個詞語，通常表明對該詞語感興趣。既然如此，那該詞語在網頁中的出現次數越多，就越有可能表示該網頁是用戶所需要的。可惜的是，這個貌似合理的方法實際上卻行不大通。因為按照這種方法，任何一個像祥林嫂 ②一樣翻來覆去倒騰某些關鍵字的網頁，無論水準多爛，一旦被搜尋到，都立刻會「金榜題名」，這簡直就是廣告及垃圾網頁製造者的天堂。事實上，當時幾乎沒有一個搜尋引擎不被「祥林嫂」們所困擾，其中最具諷刺意味的是：在 Google 誕生之前的 1997 年 11 月，堪稱早期網際網路鉅子的當時四大搜尋引擎在搜尋自己公司的名字時，居然只有一個能使之出現在搜尋結果的前十名內，其餘全被「祥林嫂」們擠跑了。

基本思路

正是在這種情況下，1996 年初，Google 公司的創始人，當時還是美國史丹福大學（Stanford University）研究生的佩吉（Larry Page）和布林（Sergey Brin） 開始了對網頁排序問題的研究。這兩位小夥子之所以研究網頁排序問題，一來是導師的建議（佩吉後來稱該建議為「我有生以來得到過的最好建議」），二來則是因為他們對這一問題背後的數學產生了興趣。

網頁排序問題的背後有什麼樣的數學呢？這得從佩吉和布林看待這一問題的思路說起。

在佩吉和布林看來，網頁的排序是不能靠每個網頁自己來標榜的，無論把關鍵字重複多少次，垃圾網頁依然是垃圾網頁。那麼，究竟什麼才是網頁排序的可靠依據呢？出身於書香門第的佩吉和布林（兩人的父親都是大學教授）想到了學術界評判學術論文重要性的通用方法，那就是看論文的引用次數。在網際網路上，與論文的引用相類似的顯然是網頁的連結。因此，佩吉和布林萌生了一個網頁排序的思路，那就是通過研究網頁間的相互連結來確定排序。具體地說，一個網頁被其他網頁連結得越多，它的排序就應該越靠前。不僅如此，佩吉和布林還進一步提出，一個網頁越是被排序靠前的網頁所連結，它的排序就也應該越靠前。這一條的意義也是不言而喻的，就好比一篇論文被諾貝爾獎得主所引用，顯然要比被普通研究者所引用更說明其價值。依照這個思路，網頁排序問題就跟整個網際網路的連結結構產生了關係，正是這一關係使它成為了一個不折不扣的數學問題。

思路雖然有了，具體計算卻並非易事，因為按照這種思路，想要知道一個網頁 W_i 的排序，不僅要知道有多少網頁連結了它，而且還得知道那些網頁各自的排序——因為來自排序靠前網頁的連結更有分量。但作為網際網路大家庭的一員，W_i 本身對其他網頁的排序也是有貢獻的，而且基於來自排序靠前網頁的連結更有分量的原則，這種貢獻與 W_i 本身的排序也有關。這樣一來，我們就陷入了一個「先有雞還是先有蛋」的迴圈：要想知道 W_i 的排序，就得知道與它連結的其他網頁的排序，而要想知道那些網頁的排序，卻又首先得知道 W_i 的排序。

為了打破這個循環，佩吉和布林採用了一個很巧妙的思路，即分析一個虛擬用戶在網際網路上的漫遊過程。他們假定：虛擬用戶一旦訪問了一個網頁後，下一步將有相同的機率訪問被該網頁所連結的任何一個其他網頁。換句話說，如果網頁 W_i 有 N_i 個對外連結，則虛擬使用者在

訪問了 W_i 之後，下一步點擊那些連結當中的任何一個的機率均為 $1/N_i$。初看起來，這一假設並不合理，因為任何用戶都有偏好，怎麼可能以相同的機率訪問一個網頁的所有連結呢？但如果我們考慮到佩吉和布林的虛擬用戶實際上是對網際網路上全體用戶的一種平均意義上的代表，這條假設就不像初看起來那麼不合理了。那麼網頁的排序由什麼來決定呢？是由該用戶在漫遊了很長時間——理論上為無窮長時間——後訪問各網頁的機率分布來決定的，訪問機率越大的網頁排序就越靠前。

為了將這一分析數學化，我們用 $P_i(n)$表示虛擬用戶在進行第 n 次瀏覽時訪問網頁 W_i的機率。顯然，上述假設可以表述為（請讀者自行證明）：

$$P_i(n+1) = \sum_j \frac{P_j(n) P_{j\to i}}{N_j}$$

這裡 $P_{j\to i}$，是一個描述網際網路連結結構的指示函數（indicator function），其定義是：如果網頁 W_j 有連結指向網頁 W_i，則 $P_{j\to i}$ 取值為 1，反之則為 0。顯然，這條假設所體現的正是前面提到的佩吉和布林的排序原則，因為右端求和式的存在表明與 W_i 有連結的所有網頁 W_j 都對 W_i 的排名有貢獻，而求和式中的每一項都正比於 P_j，則表明來自那些網頁的貢獻與它們的自身排序有關，自身排序越靠前（即 P_j 越大），貢獻就越大。

為符號簡潔起見，我們將虛擬用戶第 n 次瀏覽時訪問各網頁的機率合併為一個行向量 $\boldsymbol{P_n}$，它的第 i 個分量為 $P_i(n)$，並引進一個只與網際網路結構有關的矩陣 $\boldsymbol{H}$，它的第 i 列 j 行的矩陣元為 $H_{ij} = P_{j\to i}/N_j$，則上述公式可以改寫為

$$\boldsymbol{P_{n+1}} = \boldsymbol{HP_n}$$

這就是計算網頁排序的公式。

熟悉隨機過程理論的讀者想必看出來了，上述公式描述的是一種馬可夫過程（Markov process），而且是其中最簡單的一類，即所謂的平穩

馬可夫過程（stationary Markov process）③，而 H 則是描述馬可夫過程中的轉移概率分布的所謂轉移矩陣（transition matrix）。不過普通馬可夫過程中的轉移矩陣通常是隨機矩陣（stochastic matrix），即每一行的矩陣元之和都為 1 的矩陣（請讀者想一想，這一特點的「物理意義」是什麼？）④。而我們的矩陣 H 卻可能有一些行是零向量，從而矩陣元之和為 0，它們對應於那些沒有對外連結的網頁，即所謂的「懸掛網頁」（dangling page）⑤。

上述公式的求解是簡單得不能再簡單的事情，即

$$P_n = H^n P_0$$

其中 P_0 為虛擬讀者初次瀏覽時訪問各網頁的機率分布（在佩吉和布林的原始論文中，這一機率分布被假定為是均勻分布）。

問題及解決

如前所述，佩吉和布林是用虛擬用戶在經過很長——理論上為無窮長——時間的漫遊後訪問各網頁的機率分布，即 $\lim_{n\to\infty} P_n$，來確定網頁排序的。這個定義要想管用，顯然要解決三個問題：

（1）極限 $\lim_{n\to\infty} P_n$，是否存在？

（2）如果極限存在，它是否與 P_0 的選取無關？

（3）如果極限存在，並且與 P_0 的選取無關，它作為網頁排序的依據是否真的合理？

如果這三個問題的答案都是肯定的，那麼網頁排序問題就算解決了。反之，哪怕只有一個問題的答案是否定的，網頁排序問題也就不能算是

得到了滿意解決。那麼實際答案如何呢？很遺憾，是後一種，而且是其中最糟糕的情形，即三個問題的答案全都是否定的。這可以由一些簡單的例子看出。比方說，在只包含兩個相互連結網頁的迷你型網際網路上，如果 $\boldsymbol{P_0} = (1, 0)^{\mathrm{T}}$，極限就不存在（因為機率分布將在 $(1, 0)^{\mathrm{T}}$ 和 $(0, 1)^{\mathrm{T}}$ 之間無窮振盪）。而存在幾個互不連通（即互不連結）區域的網際網路則會使極限——即便存在——與 $\boldsymbol{P_0}$ 的選取有關（因為把 $\boldsymbol{P_0}$ 選在不同區域內顯然會導致不同極限）。至於極限存在，並且與 $\boldsymbol{P_0}$ 的選取無關時它作為網頁排序的依據是否真的合理的問題，雖然不是數學問題，答案卻也是否定的，因為任何一個「懸掛網頁」都能像黑洞一樣，把其他網頁的機率「吸收」到自己身上（因為虛擬用戶一旦進入那樣的網頁，就會由於沒有對外連結而永遠停留在那裡），這顯然是不合理的。這種不合理效應是如此顯著，以至於在一個連通性良好的網際網路上，哪怕只有一個「懸掛網頁」，也足以使整個網際網路的網頁排序失效，可謂是「一粒老鼠屎壞了一鍋粥」。

為了解決這些問題，佩吉和布林對虛擬用戶的行為進行了修正。首先，他們意識到無論真實用戶還是虛擬用戶，當他們訪問到「懸掛網頁」時，都不應該也不會「在一棵樹上吊死」，而是會自行訪問其他網頁。對於真實用戶來說，自行訪問的網頁顯然與個人的興趣有關，但對於在平均意義上代表真實用戶的虛擬用戶來說，佩吉和布林假定它將會在整個網際網路上隨機選取一個網頁進行訪問。用數學語言來說，這相當於是把 $\boldsymbol{H}$ 的行向量中所有的零向量都換成 $\boldsymbol{e}/N$（其中 $\boldsymbol{e}$ 是所有分量都為 1 的行向量，N 為網際網路上的網頁總數）。如果我們引進一個描述「懸掛網頁」的指示向量（indicator vector）$\boldsymbol{a}$，它的第 i 個分量的取值視 W_i 是否為「懸掛網頁」而定——如果是「懸掛網頁」，取值為 1，否則為 0——並用 $\boldsymbol{S}$ 表示修正後的矩陣，則

$$\boldsymbol{S} = \boldsymbol{H} + \frac{\boldsymbol{e}\boldsymbol{a}^{\mathrm{T}}}{N}$$

顯然，這樣定義的 $\boldsymbol{S}$ 矩陣的每一行的矩陣元之和都是 1，從而是一個不折不扣的隨機矩陣。這一修正因此而被稱為隨機性修正（stochasticity adjustment）。這一修正相當於剔除了「懸掛網頁」，從而可以給上述第三個問題帶來肯定回答（當然，這一回答沒有絕對標準，可以不斷改進）。不過，這一修正解決不了前兩個問題。為了解決那兩個問題，佩吉和布林引進了第二個修正。他們假定，虛擬用戶雖然是虛擬的，但多少也有一些「性格」，不會完全受當前網頁所限，死板地只訪問其所提供的連結。具體地說，他們假定虛擬用戶在每一步都有一個小於 1 的機率 α 訪問當前網頁所提供的連結，同時卻也有一個機率 $1-\alpha$ 不受那些連結所限，隨機訪問網際網路上的任何一個網站。用數學語言來說（請讀者自行證明），這相當於是把上述 $\boldsymbol{S}$ 矩陣變成了一個新的矩陣 $\boldsymbol{G}$：

$$\boldsymbol{G}=\alpha\boldsymbol{S}+\frac{(1-\alpha)\boldsymbol{e}\boldsymbol{e}^{\mathrm{T}}}{N}$$

這個矩陣不僅是一個隨機矩陣，而且由於第二項的加盟，它有了一個新的特點，即所有矩陣元都為正，（請讀者想一想，這一特點的「物理意義」是什麼？）這樣的矩陣是所謂的本原矩陣（primitive matrix）⑥。這一修正因此而被稱為本原性修正（primitivity adjustment）。

經過這兩類修正，網頁排序的計算方法就變成了

$$\boldsymbol{P}_n=\boldsymbol{G}^n\boldsymbol{P}_0$$

這個演算法能給上述問題提供肯定答案嗎？是的，它能。因為隨機過程理論中有一個所謂的馬可夫鏈基本定理（fundamental theorem of Markov chains），它表明在一個馬可夫過程中，如果轉移矩陣是本原矩陣，那麼上述前兩個問題的答案就是肯定的。而隨機性修正已經解決了上述第三個問題，因此所有問題就都解決了。如果我們用 $\boldsymbol{P}$ 表示 $\boldsymbol{P}_n$ 的極限 ⑦，則 $\boldsymbol{P}$ 給出的就是整個網際網路的網頁排序——它的每一個分量就是相應網頁的訪問機率，機率越大，排序就越靠前。

這樣，佩吉和布林就找到了一個不僅含義合理，而且數學上嚴謹的網頁排序演算法，他們把這個演算法稱為 PageRank，不過要注意的是，雖然這個名稱的直譯恰好是「網頁排序」，但它實際上指的是「佩吉排序」，因為其中的「Page」不是指網頁，而是佩吉的名字。這個演算法

就是 Google 排序的數學基礎，而其中的矩陣 $\boldsymbol{G}$ 則被稱為 Google 矩陣（Google matrix）。

細心的讀者可能注意到了，我們還遺漏了一樣東西，那就是 Google 矩陣中描述虛擬用戶「性格」的那個 α 參數。那個參數的數值是多少呢？從理論上講，它應該來自於對真實用戶平均行為的分析，不過實際上另有一個因素對它的選取產生了很大影響，那就是 $\boldsymbol{G^n P_0}$ 收斂於 $\boldsymbol{P}$ 的快慢程度。由於 $\boldsymbol{G}$ 是一個 $N \times N$ 矩陣，而 N 為網際網路上——確切地說是被 Google 所收錄的——網頁的總數，在 Google 成立之初為幾千萬，目前為幾百億（並且還在持續增加），是一個極其巨大的數字。因此 $\boldsymbol{G}$ 是一個超大型矩陣，甚至很可能是人類有史以來處理過的最龐大的矩陣。對於這樣的矩陣，$\boldsymbol{G^n P_0}$ 收斂速度的快慢是關係到演算法是否實用的重要因素，而這個因素恰恰與 α 有關。可以證明，α 越小，$\boldsymbol{G^n P_0}$ 的收斂速度就越快。但 α 也不能太小，因為太小的話，「佩吉排序」中最精華的部分，即以網頁間的彼此連結為基礎的排序思路就被弱化了（因為這部分的貢獻正比於 α），這顯然是得不償失的。因此，在 α 的選取上有很多折衷的考慮要做，佩吉和布林最終選擇的數值是 $\alpha = 0.85$。

以上就是 Google 背後最重要的數學奧秘。與以往那種憑藉關鍵字出現次數所作的排序不同，這種由所有網頁的相互連結所確定的排序是不那麼容易做假的，因為作假者再是把自己的網頁吹得天花亂墜，如果沒有真正吸引人的內容，別人不連結它，一切就還是枉然 ⑧。而且「佩吉排序」還有一個重要特點，那就是它只與網際網路的結構有關，而與使用者具體搜索的東西無關。這意味著排序計算可以單獨進行，而無需在使用者鍵入搜索指令後才臨時進行。Google 搜索的速度之所以快捷，在很大程度上得益於此。

結語

在本文的最後，我們順便介紹一點 Google 公司的歷史。佩吉和布林對 Google 演算法的研究由於需要收集和分析大量網頁間的相互連結，從而離不開硬體支援。為此，早在研究階段，他們就四處奔走，為自己的研究籌集資金和硬體。 1998 年 9 月，他們為自己的試驗系統註冊了公司——即如今大名鼎鼎的 Google 公司。但這些行為雖然近乎於創業，他們兩人當時卻並無長期從商的興趣。 1999 年，當他們覺得打理公司干擾了自己的研究時，甚至萌生了賣掉公司的想法。

他們的開價是 100 萬美元。

與 Google 在短短幾年之後的驚人身價相比，那簡直就是「跳樓大拍賣」。可惜當時卻無人識貨。佩吉和布林在矽谷「叫賣」了一圈，連一個買家都沒找到。被他們找過的公司包括了當時搜尋業巨頭之一的 Excite（該公司後來想必臉都綠了）。為了不讓自己的心血荒廢，佩吉和布林只得將公司繼續辦了下去，一直辦到今天，這就是 Google 的「發跡史」。

Google 成立之初跟其他一些「發跡於地下室」（one-man-in-basement）的 IT 公司一樣寒酸：雇員只有一位（兩位老闆不算），工作場所則是一位朋友的車庫。但它出類拔萃的排序演算法很快為它贏得了聲譽。公司成立僅僅 3 個月， PC Magzine 雜誌就把 Google 列為了年度最佳搜尋引擎。2001 年，佩吉為「佩吉排序」申請到了專利，專利的發明人為佩吉，擁有者則是他和布林的母校史丹福大學。2004 年 8 月，Google 成為了一家初始市值約 17 億美元的上市公司。不僅公司高管在一夜間成為了億萬富翁，就連當初給過他們幾十美元「贊助費」的某些同事和朋友也得到了足夠終身養老所用的股票回報。作為公司搖籃的史丹福大學則因擁有「佩吉排序」的專利而獲得了 180 萬股 Google 股票。2005 年 12 月，史丹福大學通過賣掉那些股票獲得了 3. 36 億美元的巨額收益，成為美國高校因支持技術研發而獲得的有史以來最巨額的收益之一⑨。

Google 公司創始人佩吉（左）和布林（右）

Google 在短短數年間就橫掃整個網際網路，成為搜尋引擎業的新一代霸主，佩吉和布林的那個排序演算法無疑居功至偉，可以說，是數學成就了 Google ⑩。當然，這麼多年過去了，Google 作為 IT 界研發能力最強的公司之一，它的網頁排序方法早已有了巨大的改進，由當年單純依靠「佩吉排序」演變為了由 200 多種來自不同管道的資訊——其中包括與網頁訪問量有關的統計數據——綜合而成的更加可靠的方法。而當年曾給佩吉和布林帶來過啟示的學術界，則反過來從 Google 的成功中借鑒了經驗，如今一些學術機構對論文影響指數（impact factor）的計算已採用了類似「佩吉排序」的算法。Google 的發展極好地印證了培根（Francis Bacon）的一句名言：知識就是力量。

參考文獻

1/ Austin D. How Google finds your needle in the Web's haystack [OL]. http://www. ams.org/samplings/feature-column/fcarc-pagerank.

2/ Battelle J. The birth of Google [J]. Wired, August 2005.

3/ Brin S, Page L. The anatomy of a large-scale hypertextual web search engine [C]. Seventh International World-Wide Web Conference, Brisbane, Australia, April 14-18, 1998.

4/ Ibe O. Markov processes for stochastic modeling [M]. Amsterdam: Elsevier Academic Press, 2009.

5/ Langville A N, Meyer C D. Google's page rank and beyond: the Science of search engine rankings [M]. Princeton: Princeton University Press, 2006.

6/ Rousseau C, Saint-Aubin Y. Mathematics and technology [M]. Berlin: Springer, 2008.

2010 年 12 月 4 日寫於紐約

註釋

① 本文曾發表於《數學文化》2011 年 2 月刊（山東大學與香港浸會大學合辦）。

② 編注：祥林嫂出自魯迅小說《祝福》，其晚年講話喋喋不休不斷反覆同樣內容。

③ 馬可夫過程，也稱為馬可夫鏈（Markov chain），是一類離散隨機過程，它的最大特點是每一步的轉移概率分布都只與前一步有關。而平穩馬可夫過程則是指轉移概率分布與步數無關的馬可夫過程（體現在我們的例子中，即 $\boldsymbol{H}$ 與 n 無關）。另外要說明的是，本文在表述上不同於佩吉和布林的原始論文，後者並未使用諸如「馬可夫過程」或「馬可夫鏈」那樣的術語，也並未直接運用這一領域內的數學定理。

④ 在更細緻的分類中，這種每一行的矩陣元之和都為 1 的隨機矩陣稱為左隨機矩陣（left stochastic matrix），以區別於每一列的矩陣元之和都等於 1 的所謂右隨機矩陣（right stochastic matrix）。這兩者在應用上基本是等價的，區別往往只在於約定。

⑤ 這種幾乎滿足隨機矩陣條件，但有些行（或列）的矩陣元之和小於 1 的矩陣也有一個名稱，叫做亞隨機矩陣（substochastic matrix）。

⑥ 確切地說，這種所有矩陣元都為正的矩陣不僅是本原矩陣，而且還是所謂的

正矩陣（positive matrix）。這兩者的區別是：正矩陣要求所有矩陣元都為正，而本原矩陣只要求自己的某個正整數次方為正矩陣。

⑦ 讀者們想必看出來了，***P*** 其實是矩陣 ***G*** 的本徵值為 1 的本徵向量，而利用虛擬用戶確定網頁排序的思路其實是在用疊代法解決上述本徵值問題。在數學上可以證明，上述本徵向量是唯一的，而且 ***G*** 的其他本徵值 λ 全都滿足｜λ｜＜1（更準確地說，是｜λ｜≦ *α*——這也正是下文即將提到的 G^nP_0 的收斂速度與 *α* 有關的原因）。

⑧ 當然，這絕不意味著在網頁排序上已不可能再做假。相反，這種做假在網際網路上依然比比皆是，比如許多廣告或垃圾網頁製造者用自動程式到各大論壇發帖，建立對自己網頁的連結，以提高排序，就是一種常見的做假手法。為了遏制做假，Google 採取了很多技術手段，並對有些做假網站採取了嚴厲的懲罰措施。這種懲罰（有時是誤罰）對於某些靠網際網路吃飯的公司有毀滅性的打擊力。

⑨ 從投資角度講，史丹福大學顯然是過早賣掉了股票，否則獲利將更為豐厚。不過，這正是美國名校的一個可貴之處，它們雖擅長從支持技術研發中獲利，卻並不唯利是圖。它們有自己的原則，那就是不能讓商業利益干擾學術研究。為此，它們通常不願長時間持有特定公司的股票，以免在無形中干擾與該公司存在競爭關係的學術研究的開展。

⑩ 有些讀者對「是數學成就了 Google」這一說法不以為然，認為是佩吉和布林的商業才能，或將數學與商業結合起來的才能成就了 Google。這是一個見仁見智的問題，看法不同不足為奇。我之所以認為是數學成就了 Google，是因為 Google 當年勝過其他搜尋引擎的地方只有演算法。除演算法外，佩吉和布林當年並無其他勝過競爭對手的手段，包括商業手段。如果讓他們去當其他幾家搜尋引擎公司的老總，用那幾家公司的演算法，他們是不可能脫穎而出的；而反過來，如果讓其他幾家搜尋引擎公司的老總來管理 Google，用 Google 的演算法，我相信 Google 依然能超越對手。因此，雖然 Google 後來確實用過不少出色的商業手段（任何一家那樣巨型的公司都必然有商業手段上的成功之處），而當年那個演算法在今天的 Google——如正文所述——則早已被更複雜的演算法所取代，但我認為 Google 制勝的根基和根源在於那個演算法，而非商業手段，因此我說「是數學成就了 Google」。

第二部分　物理

BECAUSE STARS ARE THERE:
BRICKS AND TILES OF THE TEMPLE OF SCIENCE

從巴西的蝴蝶到德克薩斯的颶風①

決定論

在本書〈時間旅行：科學還是幻想？〉一文的第四節中，我們將會提到混沌理論中的一個概念：蝴蝶效應（butterfly effect）。這個效應也被稱為對初始條件的敏感依賴性，指的是在某些——通常是非線性的——物理體系中，初始條件的細微改變有可能對體系的未來演化產生巨大影響。它的一種很富詩意的形容，是說巴西的一隻蝴蝶拍動翅膀產生的空氣擾動，有可能演變成美國德克薩斯州的一場颶風。這也是蝴蝶效應這一名稱的主要由來。本文將對這一概念及其歷史做一個簡單介紹。

繪畫｜張京

我們知道，人類描述自然的努力，很大程度上體現在對自然現象的時間演化進行描述上。這種描述在許多方面都取得了很大的成功。早在300多年前，英國科學家牛頓（Isaac Newton）就建立了我們稱為牛頓力學的理論體系，對小至鐘擺、陀螺，大至行星運動的各種自然現象的時間演化做出了極為精確的描述。1846 年，天文學家們在牛頓力學所預言的位置近旁發現了幾十億公里之外的太陽系第 8 大行星——海王星，成為牛頓力學最輝煌的成就之一 ②。

牛頓力學的成功，除了體現在對某些自然現象時間演化的極為精確的描述外，還留下了一個非常重要的遺產，那就是決定論的思想。按照這一思想，從一個物理體系在某一時刻的狀態，可以推算出它在任何其他時刻的狀態。人們後來知道，牛頓力學本身只適用於描述一定範圍內的力學現象，但它所留下的決定論思想卻適用於幾乎所有已知的物理定律，甚至在一定程度上包括了被公認為是非決定論性的量子力學 ③。

那麼，決定論思想所具有的如此廣泛的適用性，是否意味著我們在原則上可以對物理現象作出精確預言呢？在很長一段時間裡，答案被認為是肯定的。但是，與這種被認為原則上可以做到的精確預言形成鮮明對比的，是實際上能精確求解的物理問題的稀少。以天體運動為例，人們能精確求解的只有二體問題。一旦把太陽、地球和月球這三個最熟悉的天體同時考慮進去，就沒法精確求解了④。又比如流體運動，能精確求解的只有一些非常理想的情形，一旦把像黏滯性那樣最常見的現實性質考慮進去，也就沒法精確求解了。物理學家們能精確求解的問題，大都附加了各種簡化條件。而真正的自然現象幾乎從來都不滿足那些條件，從而幾乎沒有一個是能精確求解的。

幸運的是，在那些無法精確求解的問題中，有一部分非常接近於某些能精確求解的問題。比如地球繞太陽的運轉，所有其他天體的影響都相當微小，因此這一問題非常接近於能精確求解的二體問題。而且這兩者的差異還可以通過各種手段加以彌補。正是由於這些近似手段——包括數值近似——的存在，使得物理學家們雖然很少能精確求解問題，卻依然能對很多自然現象的演化做出非常成功的描述。

早期研究

但是，任何近似手段都必然有誤差，因此近似手段的有效性有賴於對誤差的控制。隨著研究的深入，物理學家們開始遇到了一些無法用近似手段來有效處理的問題。這些問題中有許多都具有蝴蝶效應，它使誤差變得不可控制。19 世紀末，法國科學家龐加萊（Henri Poincaré）在對三體問題的研究中發現了一些這樣的問題。他在《科學與方法》一書中寫道：「初始條件的微小差異有可能在最終的現象中導致巨大差異」,「預言變得不可能」。這或許是對蝴蝶效應最早的明確描述 ⑤。除三體問題外，流體力學中的亂流問題也是一種無法用近似手段來有效處理的問題。據說德國物理學家海森堡（Werner Heisenberg）曾經表示，有機會向上帝提問的話，他想問上帝為什麼會有相對論？以及為什麼會有亂流？他並且補充說：「我確信上帝知道第一個問題的答案。」——言下之意是上帝也未必知道為什麼會有亂流。

當科學家們接觸到包含蝴蝶效應的問題或現象時，科幻小說家們也在用自己獨特的方式描述著類似的現象。比如 1955 年，美國科幻小說家艾西莫夫（Isaac Asimov）寫了一部小說，叫做《永恆的終結》（The End of Eternity）。在這部小說中，艾西莫夫描述了一群生活在物理時間之外的人，他們可以對人類歷史進行修正，使其更加完美。但他們企圖為人類創造一個完美歷史的努力，在無形中扼殺了人類的創造與探索能力，使其在與外星生命的競爭中一敗塗地。幸運的是，人類後來發現了這一點，並通過時間旅行的手段挽回了一切。在這部小說中艾西莫夫提到：對歷史的每一次微小改變，都有可能以一種無法精確預言的方式改變數百萬人的人生軌跡，這與蝴蝶效應的表述顯然有著極大的相似性。這種出現在科幻小說中的近乎先知先覺的描述，初看起來很令人吃驚，其實並不奇怪。因為現實世界本身就是一種最複雜的自然現象，像蝴蝶效應那樣的東西，遠在它成為科學研究的對象之前，就早已出現在人們的日常經驗中。所謂「差之毫釐，謬之千里」、「牽一髮而動全身」等，都在一定程度上體現了這種效應。

但從那些日常體驗上升為明確的理論表述，則是一個困難得多的問題。

從 19 世紀末到 20 世紀中葉，經過龐加萊、李亞普諾夫（Aleksandr Lyapunov）、富蘭克林（Philip Franklin）、馬可夫（Andrei Andreyevich Markov）、伯克霍夫（George David Birkhoff）等人的一系列研究，人們對這個困難得多的問題終於有了一定的認識。人們發現，對於滿足一定條件的物理體系來說，只有週期性或近週期性（ncar pcriodic）的運動才不會因為初始條件的細微改變而產生劇烈變動。依照這個結果，如果運動是非週期性的，那麼初始條件的細微改變就會對體系的演化造成巨大影響。因此，這個結果不僅確立了蝴蝶效應的存在，而且還對它的產生條件給出了一定的描述。但是，那時候人們最感興趣的只是週期運動，因此有關非週期運動的結果雖可作為推論得到，在當時的學術文獻中卻極少提及。正因為如此，十幾年後當美國科學家羅倫茲（Edward Norton Lorenz）在數值計算中再次遭遇蝴蝶效應的時候，依然感到了極大的驚訝。也正因為如此，發現蝴蝶效應的榮譽在很大程度上被後人歸到了羅倫茲的頭上。

模擬天氣

羅倫茲是一位資深的氣象學家，早在二戰時期就在美國軍方機構從事氣象預測研究。戰爭結束後，羅倫茲來到了麻省理工學院（MIT），繼續從事研究工作。從理論上預測氣象變化——尤其是給出長期預測——是氣象學家們夢寐以求的目標。但這一目標的實現卻始終困難重重。這種困難是不難理解的，因為地球的大氣層是一個巨大的流體系統，所有流體力學所具有的複雜性，包括那個連上帝也未必知道起源的亂流問題，都會出現在大氣層中。更何況，大氣層的行為與海洋、地表、日照等各種複雜的外部條件都有著密切關係；而且大氣層的組成相當複雜，其中有些組成部分——如水汽——的形態還常常會在氣態、液態及固態之間變化。所有這一切，都使得氣象預測成為了一個極其困難的課題。

在羅倫茲從事氣象研究的時候，從理論上預測氣象變化主要有兩類方法。一類被稱為動力氣象學（dynamic meteorology），這類方法主要是把大氣層看作一個流體系統，然後選取一些重要的物理量——如溫度、風速等——進行研究。由於問題的高度複雜，人們還把大氣層像切蛋糕一樣分割成許多區域，每個區域都用一個點來代表。顯然，這是極其粗糙的近似，但即便如此，整個大氣層的狀態往往還是需要幾百萬甚至更大數目的變數來描述 ⑥。換句話說，即便是求解一個非常粗糙的氣候模型，往往也需要處理帶有幾百萬個未知數的方程組。這無疑是極其困難的（但不是完全沒有希望的）。除了動力氣象學外，還有一類方法被稱為天氣學（synoptic meteorology），這類方法的特點是把對氣候影響最大的一些大氣結構，比如各種氣旋，直接作為研究對象。天氣學所使用的規律，有許多是描述那些大氣結構的經驗規律，而不是像流體力學那樣系統性的物理理論。從這個意義上講，天氣學不如動力氣象學那樣基本。但天氣學的優點，是把從動力氣象學角度看非常複雜的某些大氣結構作為了基本單元，從而有著獨特的簡化性。

羅倫茲所採用的主要是天氣學方法。經過大量的簡化後，羅倫茲得到了一個含有 14 個變數，且其中有一到兩個變數的影響可以忽略的模型。但即使那樣的模型用手工計算也是非常困難的，於是羅倫茲決定借助電腦的幫助。當時是 1959 年，距離個人電腦的問世還有二十幾年。羅倫茲所使用的機器用今天的標準來衡量是極為簡陋的：體積龐大，噪音驚人，記憶體卻只有今天普通個人電腦記憶體的百萬分之一。經過幾個月的努力（主要是程式設計），羅倫茲終於在那台機器上運行起了他的模擬天氣。

奇怪的結果

日子平靜地流逝著，羅倫茲與同事們間或地就模擬天氣的演變打上一些小賭，聊以消遣。終於有一天，羅倫茲決定對某一部分計算進行更為仔細的分析。於是他從原先輸出的計算結果中選出了一行數據——相當於某一天的天氣狀況——作為初始條件輸入了程式。機器從那一天的數據開始了運行，羅倫茲則離開了辦公室，去喝一杯悠閒的咖啡。中國的神話故事中有所謂「洞中方一日，世上已千年」的傳說，羅倫茲的那杯咖啡就喝出了那樣的境界。一個小時後，當他回到實驗室時，他的模擬世界已經運行了兩個月。羅倫茲一看結果，不禁吃了一驚！因為新的計算結果與原先的大相徑庭。

這一結果為什麼令人吃驚呢？因為這次計算所用的初始條件乃是從舊數據中選出來的。既然初始條件是舊的，所得的結果——在與舊數據可以比較的範圍內——理應也跟舊數據相同，卻怎麼會大相徑庭呢？羅倫茲的第一個反應是機器壞了——這在當時是經常發生的事情。但是，當他對結果做了更仔細的檢驗後，很快排除了那種可能性。因為他發現，新舊計算的結果雖然最終大相徑庭，但在一開始卻很相似，兩者的偏差是在經過了一段指數增長過程之後才徹底破壞相似性的。如果機器壞了，是沒有理由出現這種「有規律」的偏差的。

既然機器沒有問題，那麼究竟是什麼原因造成了新舊計算之間的巨大偏差呢？羅倫茲很快找到了答案。原來，羅倫茲的程式在運行時保留了十幾位有效數字，但在輸出時為了讓所有變量的數值能列印在同一行裡，他對每個變量都只保留了小數點後 3 位有效數字。因此，當羅倫茲把以前輸出的數據——即所謂舊數據——作為初始條件輸入新一輪計算時，它與原先計算中保留了十幾位元有效數字的數據相比，已經有了微小的偏差。羅倫茲的計算表明，在他的模擬系統中，這些微小的偏差每隔 4 天就會翻一番，直至新舊數據間的相似性完全喪失為止。

這正是蝴蝶效應！

由於蝴蝶效應的存在，羅倫茲意識到長期天氣預報是註定不可能有高精度的。因為我們永遠不可能得到絕對精確的初始條件，而且由於任何計算設備的記憶體都是有限的，我們在計算過程中也永遠不可能保留無限的精度，所有這些誤差都會因蝴蝶效應的存在而迅速（指數性地）擴大，從而不僅使一切高精度的長期氣象預測成為泡影，而且葬送了建立在決定論思想之上的對物理現象進行精確預言的夢想 ⑦。

蝴蝶效應的發現還讓羅倫茲回憶起一件他念本科時發生的事情。那是在 20 世紀 30 年代，當時他所在的鎮上有許多學生迷上了彈珠台遊戲（pinball game），那是一種讓小球在一張插有許多小針的傾斜桌子上經過多次碰撞後進入特定小孔的遊戲。當地政府曾想以禁止賭博為由禁止這種遊戲，但遊戲的支持者們爭辯說這不是賭博，而是一種有關擊球準確度的技巧比賽。他們的理由一度說服了政府官員，因為當時大家並不知道彈珠台遊戲其實包含了蝴蝶效應，從而無論多高明的技巧都是無濟於事的。

從蝴蝶到颶風

發現蝴蝶效應後的第二年，即 1960 年，羅倫茲在一次學術會議上粗略地提及了自己的發現，但沒有發表詳細結果。會議之後，羅倫茲感到自己的模型仍然太複雜，他決定尋找更簡單的模型。1961 年，他從同事索茲曼（Barry Saltzman）那裡得到了一個只含 7 個變量（即比他自己的模型少了一半的變量）的流體力學模型 ⑧。經過研究，羅倫茲很快發現，在索茲曼的模型中，有 4 個變量的數值很快就會變得可以忽略。因此，這一模型的真正行為可以用一個只含 3 個變量的方程組來描述，這個只含 3 個變量的方程組後來被冠上了羅倫茲的大名，稱為羅倫茲方程組（Lorenz equations）。利用這一方程組，羅倫茲再次確認了蝴蝶效應的存在 ⑨，並於 1963 年在《大氣科學雜誌》（Journal of the Atmospheric Sciences）上發表了題為《確定性非週期流》（Deterministic Nonperiodic Flow）的論文，正式公佈了自己的結果。

不過，無論是羅倫茲的原始論文，還是此後若干年內的其他有關著作，都沒有直接使用「蝴蝶效應」這一名稱。羅倫茲本人有時用海鷗造成的大氣擾動來比喻初始條件的細微改變。「蝴蝶」這一「術語」的使用是在 9 年後的 1972 年。那一年羅倫茲要在華盛頓的一個學術會議上做報告，卻沒有及時提供報告的標題。於是會議組織者梅里利斯（Philip Merilees）「擅作主張」地替羅倫茲擬了一個題目：〈巴西的蝴蝶拍動翅膀會引發德克薩斯的颶風嗎？〉（Does the flap of a butterfly's wings in Brazil set off a tornado in Texas ？）。就這樣，美麗的蝴蝶隨著梅里利斯的想像飛進了科學術語之中 ⑩。

除上述原因之外，「蝴蝶效應」的得名還有另外一個原因，那就是羅倫茲模型中有一個所謂的奇異吸子（strange attractor），它的形狀從一定的角度看很像一隻展翅的蝴蝶（圖 1）。不過「蝴蝶效應」這一名稱的最終風行，在很大程度上要歸因於美國科普作家格雷克（James Gleick）的科普作品《混沌：開創新科學》（Chaos: Making a New Science）。這部被譯成了多國文字，對混沌理論（蝴蝶效應是混沌理論的一部分）在世界範圍內的熱播起了極大促進作用的作品的第一章的標題就是《蝴蝶效應》。2004 年，蝴蝶效應甚至被搬上了銀幕，成為一部科幻影片——雖然是不太成功的影片——的片名。

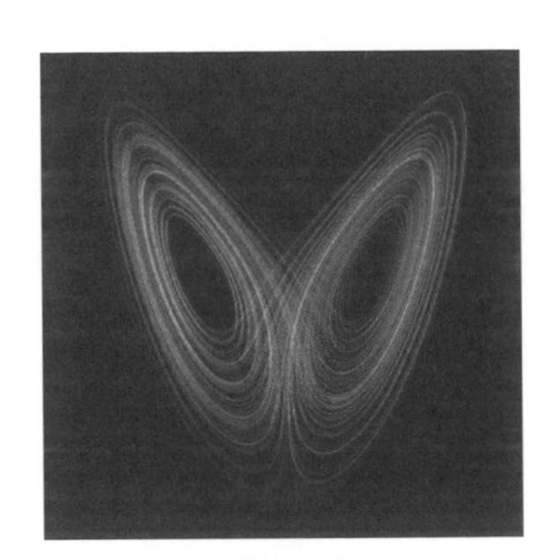

圖 1　羅倫茲奇異吸子

蝴蝶效應及混沌理論在世界範圍內的風行，一度使許多人產生一種錯覺，以為物理學的又一次革命到來了。在這種「激情」的鼓舞下，這一領域湧現出了大量文章，其中包括不少低水平及浮誇的工作。從物理學的角度講，蝴蝶效應及混沌理論並不包含新的原理性的東西，它們對物理學的最大啟示是：形式上簡單的物理學定律有可能包含巨大的複雜性，從而有可能解釋比我們曾經以為的更為廣闊的自然現象。這一點早在羅倫茲的論文發表之前，就已經被一些物理學家注意到了。20 世紀 60

年代初，美國物理學家費曼（Richard Feynman）在給本科生講課——那些課程的內容後來彙集成了著名的《費曼物理學講義》（The Feynman Lectures on Physics）——時，就非常清晰地闡述了這一點。他在介紹了流體力學中的若干複雜性之後這樣寫道：

對物理學懷有莫名恐懼的人常常會說，你無法寫下一個關於生命的方程式。嗯，也許我們能夠。事實上，當我們寫下量子力學方程式 $H\Psi = i\partial\Psi/\partial t$ 的時候，我們很可能就已在足夠近似的意義上擁有了這樣的方程式。我們剛才就看到了事物的複雜性可以多麼容易且富有戲劇性地逃脫描述它們的方程式的簡單性。

費曼曾經希望人類的下一次智力啟蒙會帶給我們理解物理定律複雜內涵的方法。混沌理論的發展部分地體現了費曼的希望，但今天我們對這一領域的瞭解，在很大程度上依賴於計算技術的發展，與真正的智力啟蒙還有一定的距離。真正的智力啟蒙究竟會出現在什麼時候？也許就像羅倫茲的天氣一樣，誰也無法準確預測，但我們會拭目以待。

2006 年 7 月 23 日寫於紐約
2014 年 9 月 24 日最新修訂

註釋

① 本文的一個縮略修改版曾發表於《科幻世界》2007 年第 1 期（科幻世界出版社出版）。

② 不過後來的研究表明，海王星在距離理論預言非常近——相差不到 1 度——的位置上被發現有一定的偶然性。關於這一點，可參閱拙作《那顆星星不在

星圖上：尋找太陽系的疆界》的第 20 章。

③ 量子力學的狀態演化是決定論性的，但量子測量過程是否也是決定論性的，則有一定的爭議（雖然非決定論性的觀點明顯占優）。

④ 這還是在假定引力是由牛頓萬有引力定律所描述的情況下，如果改用廣義相對論，則連二體問題也無法嚴格求解。

⑤ 不過《科學與方法》是一部科學哲學著作，龐加萊在自己的學術論文中並未明確表述過類似的結論。

⑥ 舉個例子來說，如果把大氣層用長、寬、高分別為 100 公里、100 公里及 100 公尺的單元進行分割，則描述整個大氣層——假定高度為 30 公里——的溫度與風速所需的變量總數大約為 500 萬。分割越細、引進的物理量越多，所需的變量數目也就越大。

⑦ 嚴格地講，由於無法得到精確的初始條件，以及無法在計算過程中保留無限的精度，即便沒有蝴蝶效應，絕對精確的預言也是不可能的。但在沒有蝴蝶效應的情況下，誤差的影響往往是可控制的，蝴蝶效應的出現使誤差的影響變得不可控制。另外需要說明的是，這裡所說的「葬送了建立在決定論思想之上的對物理現象進行精確預言的夢想」與建立在微分方程解的存在及唯一性基礎之上的決定論本身不是一回事，後者不會因為蝴蝶效應而破滅。

⑧ 索茲曼與 20 世紀上半葉的那些科學家一樣，對週期運動更感興趣，因此沒能在自己的模型上做出像羅倫茲那樣的發現，雖然他在自己的模型中也已經發現了一些非週期性的解。

⑨ 在這一點上，羅倫茲很受幸運女神的眷顧。他的方程組中含有一個被稱為普蘭特常數（Prandtl constant）的參數，這個參數對於水大約為 10，對於空氣則大約為 1。羅倫茲與索茲曼都是氣象學家，他們採用的數值原本應該是對應於空氣的 1，但實際上兩人卻都採用了對應於水的 10。後來的研究發現，如果當時他們採用了對應於空氣的普蘭特常數，那個模型的解將是週期性的，羅倫茲將不可能得到他所需要的結果。

⑩ 不過那篇演講的全文當時並未發表。另外需要提醒讀者的是：蝴蝶效應的這一通俗表述有一定的誤導性，容易讓人以為在「蝴蝶拍動翅膀」與「德克薩斯的颶風」之間存在直接的因果關係。事實上，「蝴蝶拍動翅膀」和「德克薩斯的颶風」只是泛指初始條件的細微改變和體系未來演化的巨大變化，「德克薩斯的颶風」的物理起因有賴於無數的因素，絕非只是「蝴蝶拍動翅膀」。

關於時鐘佯謬

時鐘佯謬簡史

在相對論的歷史上，曾出現過一些流傳很廣的佯謬——也可以說是意外。之所以說是意外，是因為一些知名物理學家也參與了某些話題的討論，給出的答案卻不盡相同，從而使被討論的話題變得更像佯謬。時鐘佯謬（clock paradox）就是其中最著名的一個。

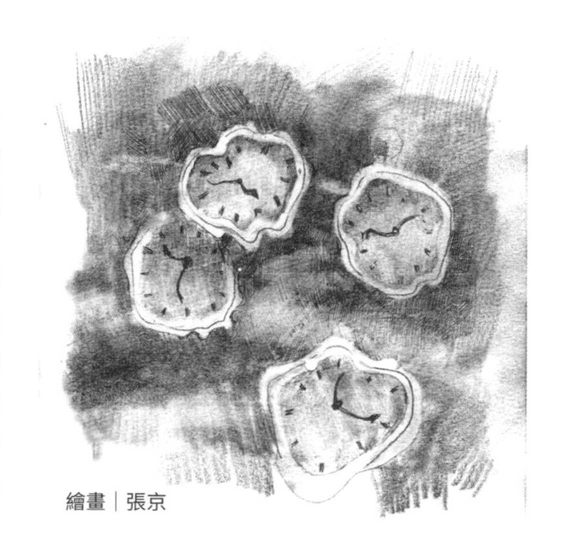

繪畫｜張京

時鐘佯謬源於一個很簡單的問題：在慣性參考系中有兩個彼此校準了的時鐘，一個保持靜止，另一個沿閉合路線運動後回到原地，問兩個時鐘重新相遇時哪個時鐘慢了？

最早對這個問題作出回答的當然不是別人，而是愛因斯坦（Albert Einstein）本人。他在狹義相對論的開山之作〈論動體的電動力學〉（On the Electrodynamics of Moving Bodies）中對這一問題給予了明確回答，答案是運動時鐘慢了，理由是狹義相對論的時間延緩（time retardation）效應 ①。但不知是沒往那個角度考慮，還是覺得那不是問題，愛因斯坦只在靜止時鐘參考系中回答了這一問題，而未如許多後人所做的那樣，將靜止時鐘參考系與運動時鐘參考系視為對等來進行分析，從而沒有觸及後來被稱為「佯謬」的東西——即兩個時鐘均認為自己靜止，對方運動，從而在表觀上彼此矛盾地均認為是對方慢了。

文獻中最早觸及時鐘佯謬，並試圖給予解釋的知名人士是法國物理學家朗之萬（Paul Langevin）。他在 1911 年發表的一篇題為〈空間和時間的演進〉（The Evolution of Space and Time）的文章中提出：解釋時鐘佯謬的要點，是注意到運動時鐘經歷了加速運動，而靜止時鐘沒有經歷加速運動。在那篇文章中，他還引入了兩條很受後人歡迎的「人性化措施」：一是將時鐘換成人，二是採用兩人互發光信號的方法來比較各自經歷的時間。朗之萬這篇文章影響了很多人，時鐘佯謬的別名「雙生子佯謬」（twin paradox）據說就是他將時鐘換成人所引發的（圖 2）。直至今日，許多初等教材及科普讀物仍採用朗之萬的方法分析時鐘佯謬（有些著作還將兩人互發光信號改成更「親密」地互數對方心跳）。

圖 2　時鐘佯謬的別名是雙生子佯謬

繼朗之萬之後，德國物理學家馮・勞厄（Max von Laue）也對時鐘佯謬提出了解釋。他在 1912 年發表的一篇題為〈兩種反相對論意見及對它們的反駁〉（Two Objections against the Theory of Relativity and Their Refutation）的文章中提出：解釋時鐘佯謬的要點，是注意到運動時鐘在從遠離轉為返回的過程中更換了參考系，而靜止時鐘沒有更換參考系。他的這一看法也被一些人採納，成為分析時鐘佯謬的切入點之一。

愛因斯坦本人則似乎直到廣義相對論發表之後，才對時鐘佯謬中的「佯謬」部分發表看法。他在 1918 年發表的一篇題為〈關於反相對論意見的對話〉（Dialog about Objections against the Theory of Relativity）的文章中運用自己的「獨門武器」等效原理提出了一種看法。他認為解釋時鐘佯謬的要點，是注意到運動時鐘受到了與加速場等效的重力場的影響，而靜止時鐘沒有受到那樣的影響。由於重力場中的時間延緩是廣義相對論的推論，加上愛因斯坦在相對論領域的巨大威望，他的解釋在很長的時間裡被視為了時鐘佯謬的正解。20 世紀上半葉的很多相對論名著，比如奧地利物理學家包立（Wolfgang Pauli）的《相對論》（Theory of Relativity）、丹麥物理學家莫勒（Christian Møller）的《相對論》（Theory of Relativity）、美國物理學家托曼（Richard C. Tolman）的《相對論、熱力學及宇宙學》（Relativity, Thermodynamics, and Cosmology）等都採用了愛因斯坦的觀點，認為時鐘佯謬需要用廣義相對論來解釋。甚至連後來出版的一些知名著作，比如 20 世紀 70 年代出版的日本物理學家湯川秀樹的《古典物理學》，也認為時鐘佯謬「在狹義相對論框架中考慮時是佯謬，但若考慮廣義相對論就不再是佯謬了」。

不過，以上這些物理學家對時鐘佯謬的解釋雖各有各的側重點，而且從現代觀點來看，都不夠切中要害，但他們的結論是一致的，並且也是正確的，那就是運動時鐘慢了（這一結論後來得到了實驗證實）。時鐘佯謬作為「佯謬」的正史大體就是這些，但在結束本節之前，有一段「外史」必須提一下，因為時鐘佯謬作為「佯謬」的名聲，在很大程度上其實是被那段「外史」攪起來的。那段「外史」就是英國哲學家丁格爾（Herbert Dingle）在 20 世紀 50 年代末對相對論的猛烈攻擊，而那攻擊的主要目標就是時鐘佯謬。丁格爾在攻擊中先是認為兩個時鐘應顯示相同時間，遭駁斥後又轉而宣稱相對論的預言與經驗不符（實際上有關時鐘佯謬的預言當時就已得到了緲子衰變實驗的支持），甚至連數學上顯而易見的勞侖茲變換存在逆變換這一基本事實，也被他斥為明顯不可能。

這樣一個用上海話講根本就「拎勿清爽」② 的人物照說是不配在本節中被提及的，但歷史有時是充滿驚奇的，這位「拎勿清爽」的丁格爾先生在 1951- 1953 年間竟擔任過英國皇家天文學會（Royal Astronomical Society）的主席 ③，並且還是英國科學史學會（British Society for the History of Science）的創始成員之一以及 1955- 1957 年間的主席。也許是因為這些背景的緣故，幾十位物理學家對他那破綻百出的文字進行了認真駁斥，從而構成了時鐘佯謬歷史上一段雖無價值，卻引人注目的「外史」，並在最大程度上成就了時鐘佯謬作為「佯謬」的名聲。

時鐘佯謬簡析

以上就是時鐘佯謬的簡史，對於我的讀者來說，還可以補充一段史上最小的八卦，那就是我「小時候」也曾認同過廣義相對論才是時鐘佯謬正解的看法，在自己網站（http://www. changhai. org/）的昔日版本中還貼過懷舊之作，對某些基於朗之萬和馮・勞厄思路的解釋進行了「嗆聲」。也許是因此之故，常有網友問及時鐘佯謬。從這個意義上講，本文可算是一篇還債之作——還那懷舊之作引發的文債。

這篇還債之作之所以拖到今天才寫，不是企圖「賴債」，而是因為時鐘佯謬的現代解釋實在太簡單了，簡直就是「一句話解釋」，就算加上注解，似乎也構不成一篇文章。當然，這種估計如今看來顯然是錯誤的，因為真要寫的話，幾乎沒什麼話題是構不成文章的。

好了，現在言歸正傳，談談時鐘佯謬的現代解釋。自 20 世紀 70 年代以來，有關相對論的許多教材和專著，比如沃爾德（Robert M. Wald）的《廣義相對論》（General Relativity）、托雷提（Roberto Torretti）的《相對論與幾何》（Relativity and Geometry ）、潤德勒（Wolfgang Rindler）的《相對論》（Relativity）、薩克斯（Rainer Sachs）等人的《數學家用廣義相對論》（General Relativity for Mathematicians）、米斯納（Charles W. Misner）等人的《引力》（Gravitation）、塞克斯爾（Roman U. Sexl）等人的《相對論、群論、粒子》（Relativity, Groups, Particles）等都採用了幾何語言來闡述時鐘佯謬，這就是所謂時鐘佯謬的現代解釋。在中文文獻中，梁燦彬等人的《微分幾何入門與廣義相對論》也採用了現代解釋，中文讀者可以參考④。

那麼究竟什麼是時鐘佯謬的現代解釋呢？我沒有唬嚨諸位，它的要點確實只有一句話，那就是：**時鐘記錄的是自己的世界線（world line）長度**⑤。在時鐘佯謬中，之所以是運動時鐘慢了，原因就是它的世界線長度較短。這裡唯一要說明的是，所謂「世界線長度」指的是閔考斯基空間中的長度 ⑥，它與普通空間中的長度有一個最大的區別，那就是前者的測地線（即「直線」）⑦ 長度是極大值而不是極小值。（請讀者想一想，這是閔考斯基空間的什麼特點造成的？）但無論閔考斯基空間還是普通空間，有一點是共同的，那就是長度是座標變換下的不變量，從而與參考系或坐標系的選擇無關 ⑧。

在這樣的幾何語言下，**時鐘佯謬的結論，即運動時鐘比靜止時鐘慢，不過是對兩個時鐘的世界線長度不同這一簡單事實的簡單陳述而已**，並不比普通空間中兩條曲線的長度不同來得奧妙，更沒有任何佯謬可言。這一點是如此的顯而易見，以至於前面提到的《相對論與幾何》一書的作者托雷提感慨道：「相對論時鐘是類時世界線上的里程表，假如人們對這一事實有過更多關注，那麼在所謂時鐘佯謬上付出過的很多努力就可以省掉了。」

但話雖如此，如果我們在這裡就結束本文，有些讀者也許會感到失望，因為在時鐘佯謬的傳統討論中，人們曾花大力氣討論運動時鐘參考系，試圖說明該參考系也能理解運動時鐘變慢這一結論。即便那些努力如今「可以省掉了」，但若不把那最令人困惑的運動時鐘參考系單獨拿出來，更直接地討論一下，似乎多少有些偷懶的感覺。為了「撫平」這種感覺，我們再多說幾句。

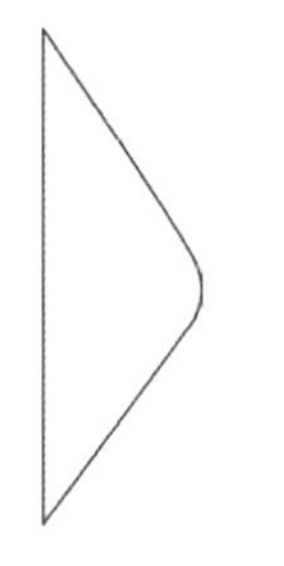
圖 3 時鐘佯謬的時空圖

如前所述，在時鐘佯謬的現代解釋中，運動時鐘之所以慢了，原因是它的世界線長度較短。如果畫出時空圖的話，靜止時鐘的世界線是直線，運動時鐘的世界線是曲線（參閱圖 3），兩者起始點相同，但曲線的長度較短（因為是閔考斯基空間）。這一切當然都是幾何語言。那麼，在這種語言中運動時鐘參考系是什麼呢？它就是把運動時鐘的世界線視為直線，而把靜止時鐘的世界線視為曲線的坐標系。這種坐標系其實我們並不陌生，它就是曲線坐標系——把運動時鐘的世界線作為時間軸的曲線坐標系。明白了這一點，運動時鐘參考系裡的問題就迎刃而解了，因為曲線坐標系雖然完全合法，而且確實能在表觀上使兩條世界線的「曲」、「直」互換，卻不會改變它們的長度，從而不會改變時鐘佯謬的結論，因為曲線坐標系有一個眾所周知的「副作用」，那就是會改變度規（metric）的形式，使之不再是閔考斯基度規 $ds^2 = \eta_{\mu\nu} dx^\mu dx^\nu$ 或歐幾里得度規 $ds^2 = \delta_{ij} dx^i dx^j$。比如極座標下的度規是 $ds^2 = dr^2 + r^2 d\theta^2$ 而不是 $ds^2 = dr^2 + d\theta^2$。正是這種度規改變抵消了「曲」、「直」互換的影響，使得長度不變，從而保證了時鐘佯謬的結論不變 ⑨。

當然，這一切其實就是對「長度是座標變換下的不變量」這一簡單事實的繁瑣說明，只不過這樣一說明，或許顯得更像是「解釋」而已。另外，它也示範了一種方法，即當我們對時鐘佯謬的某個方面感到困惑時，想想它在幾何語言下的對應，以及在普通空間中的類比，往往會豁然開朗。

在本節的最後，我們評論一下「時鐘佯謬需要用廣義相對論來解釋」這一流傳很廣的觀點。很明顯，時鐘佯謬的現代解釋並不支持這種觀點。**時鐘佯謬作為閔考斯基空間中的現象，是完全可以，並且也應該用狹義相對論來解釋的**——正如上述現代解釋所做的那樣。事實上，在閔考斯基空間中無論採用什麼參考系或坐標系，都不可能使四維曲率張量非零，從而不可能出現曲率意義下的重力場。不僅如此，**迄今為止除上述現代解釋外，對時鐘佯謬的任何其他解釋都是針對特例或近似的**。比如朗之萬和馮・勞厄的解釋通常只被用於運動時鐘勻速遠離，再勻速飛回的特例；愛因斯坦的解釋則往往要採用廣義相對論的弱場近似。與之相比，時鐘佯謬的現代解釋完全不受那些特例或近似的約束，從而有極大的普適性。哪怕兩個時鐘都作任意複雜的類時運動，現代解釋依然適用（傳統解釋則會變得苦不堪言）。甚至當我們把時鐘佯謬的舞臺由閔考斯基空間搬到更複雜的空間，從而越出狹義相對論的範圍時，現代解釋依然適用（只需增添一個非平凡的背景度規即可）⑩。

關於理想時鐘

在結束本文前，我們還要討論一個衍生話題：什麼是時鐘？之所以要討論這個話題，是因為時鐘佯謬的傳統解釋，尤其是愛因斯坦的思路，很容易產生一個與「什麼是時鐘？」密切相關的問題，那就是加速度究竟會不會對時鐘產生影響？關於這個問題，許多現代教材及專著——比如前面提到的托雷提、塞克斯爾、潤德勒、米斯納等人的著作——都給出了明確回答，我們在這裡做一個簡單介紹。

首先要指出的是，對於具體的時鐘來說，這個問題的答案顯然與時鐘的結構有關（而且大都是肯定的），比如對加速場中的擺鐘來說，加速度越大，擺動的週期就越短，如果我們用這種擺鐘的擺動次數來計時，加速度對它顯然是有影響的。又比如對人來說，如果我們將生理節律作為時鐘——就像朗之萬所做的那樣，它顯然也會受加速度影響，在足夠大的加速度下——對飛行員來說是 10g 以上，對本文作者來說估計 5g 就夠了——甚至會「停止計時」（一命嗚呼）。不僅宏觀世界的時鐘如此，曾被用來驗證相對論的原子鐘，嚴格講也是會受加速度影響的，因為它的能級結構與包括加速場在內的各種外場有關。甚至連最早對時間延緩效應作出實驗判決的缪子衰變，我們也並不肯定它不會受加速度影響。只不過，對於微觀世界的時鐘來說，與它內部的微觀交互作用相比，加速場的影響往往是微乎其微的，因此當我們採用微觀世界的時鐘時，通常都能忽略加速度的影響。

但無論加速度對具體時鐘的影響是有還是無，是大還是小，有一點是肯定的，那就是我們並不認為像擺鐘受加速度影響，或本文作者在 5g 的加速度下 「停止計時」那樣的效應反映了時間的固有性質。相反，我們認為那是具體時鐘的缺陷導致的表觀效應，是可以、並且必須校正的。我們真正關心的是反映時間本質的時鐘，即所謂的理想時鐘。本文所說的時鐘除非有特別說明，指的也全都是理想時鐘。

因此我們的問題其實是：什麼是理想時鐘？對此，相對論——無論狹義相對論還是廣義相對論——的回答是：理想時鐘是記錄自己世界線長度的時鐘。這是理想時鐘的定義，被托雷提稱為「時鐘假設」（clock hypothesis）。不難證明，對於時鐘佯謬所涉及的閔考斯基空間的時鐘來說，這一定義給出的理想時鐘與瞬時隨動慣性系（momentarily co-moving inertial frame）裡的時鐘完全同步（請讀者自行證明）⑪。由此，我們也得到了「加速度究竟會不會對時鐘產生影響？」的答案，那就是加速度對理想時鐘沒有影響。

細心的讀者也許已經注意到了，上述理想時鐘的定義其實正是前面提到過的時鐘佯謬現代解釋的要點，即「時鐘記錄的是自己的世界線長度」。時鐘佯謬的現代解釋之所以有極大的普適性，一個很根本的原因就是它實際上包含了理想時鐘的定義。

在本文的最後，給感興趣的讀者留兩組思考題：

（1）人們常說的「重力場中的時鐘較慢」究竟是什麼意思？把它與等效原理合在一起，是否會得出與「加速度對理想時鐘沒有影響」相矛盾的結論？

（2）在理想時鐘的定義中，只校正了加速度的影響，這是否是一種隨意選擇？能否把速度的影響也像加速度的影響一樣校正掉？

參考文獻

1/ Misner C W, et al. Gravitation [M]. New York: W. H. Freeman, 1973.
2/ Rindler W. Relativity: special, general, and cosmological [M]. Oxford: Oxford University Press, 2006.
3/ Sachs R K, Wu H H. General relativity for mathematicians [M]. Berlin: Springer,

1983.

4/ Sexl R U, et al. Relativity, groups, particles: special relativity and relativistic symmetry in field and particle physics [M]. Berlin: Springer-Verlag, 2001.

5/ Torretti R. Relativity and geometry [M]. NewYork: Dover Publications, 1996.

6/ 梁燦彬，周彬。微分幾何入門與廣義相對論（上冊） [M]. 北京：科學出版社，2006。

2011 年 5 月 14 日寫於紐約

註釋

① 也稱為時間膨脹（time dilation）效應。

② 編注：搞不清楚狀況之意。

③ 我試圖查找丁格爾對天文學的貢獻，卻沒能找到。他最主要的天文活動似乎是參加了 1927 年與 1932 年的日食遠征隊，但兩次都因天氣原因無功而返。他被選為皇家天文學會主席一事，據說連他自己都覺得驚訝，因為自 20 世紀 30 年代後期起，他就已經離開天文學，轉而研究自然哲學了。

④ 不過。梁燦彬等人的著作多加了一個似是而非的論據，即認為三維加速度是相對的，四維加速度才是絕對的，以此反駁那種認為加速度也是相對的觀點。其實，就該書所述的情形——即該書自己援引的第 6.3 節——而言，在對解釋時鐘佯謬來說最關鍵的加速度的「有」和「無」的區分上，三維加速度與四維加速度都是絕對的（理由很簡單，相對於一個慣性系作加速運動的物體相對於任何慣性系都是作加速運動的，從四維加速度的分量表示式也可看出，四維加速度為零若且唯若三維加速度為零），對兩者作相對與絕對的劃分對於解釋時鐘佯謬來說不僅似是而非，而且毫無必要。

⑤ 編注：世界線指的是物體在四維時空中運行的路徑。

⑥ 對於類空（spacelike）曲線來說，這種長度常被稱為「固有長度」（proper length），對於類時（timelike）曲線來說，則常被稱為「原時」或「固有時」（proper time）。另外，閔考斯基空間常被稱為「閔考斯基時空」。

⑦ 編注：測地線（geodesic）指的是空間中兩點間的最短路徑。

⑧ 本文對「參考系」和「坐標系」這兩個術語只作粗略區分：意在強調與核心

物理觀察者（即那兩個時鐘或雙生子中的某一個）的關係時用「參考系」，意在強調具體數學座標時用 「坐標系」。

⑨ 在討論本文的過程中，有網友提出了這樣一個問題：為什麼運動時鐘參考系必須接受一個「不平等」的度規，而不能像靜止時鐘參考系那樣，認為自己的度規是閔考斯基度規？在時鐘佯謬的框架中，這是因為一開始就已假定問題發生在閔考斯基空間中，而所謂「靜止」時鐘與「運動」時鐘的唯一合理的定義就是前者的世界線為測地線，後者的世界線為非測地線，而且兩者都是——並且也只能是——相對於背景度規來定義的（相對論不是一個馬赫式的理論，在相對論中與奧地利哲學家馬赫所設想的遙遠星體所起作用最接近的東西就是背景度規），這就保證了只有前者所在的參考系可以自始至終使用閔考斯基度規，後者則只能使用從閔考斯基度規（通過座標變換）誘導出來的度規。

不過，這也引出了一個更一般的問題，那就是閔考斯基度規的特殊地位是從何而來的？在狹義相對論中，這可以說是一個基本假設（或經驗事實）。那麼，廣義相對論的情況是否會強一些呢？它是否能對閔考斯基度規的特殊地位做出「更物理」的說明（從而也對時鐘佯謬作出「更物理」的解釋）呢？很遺憾，答案是否定的，因為閔考斯基度規的特殊地位在廣義相對論中也是基本假設，因為廣義相對論所用的偽黎曼空間就是局部為閔考斯基空間的流形（這是等效原理的體現），其度規則是可以局部地由閔考斯基度規誘導出來的。實際上，按照我們在正文中所建議的類比思路，閔考斯基度規在相對論中的地位與歐幾里得度規在普通黎曼幾何中的地位是完全相似的，兩者都是切空間（Tangent space）中的度規，都是誘導其他度規的基石。廣義相對論無法比狹義相對論「更物理」地解釋閔考斯基度規的特殊地位（從而也無法「更物理」地解釋時鐘佯謬），就好比黎曼幾何無法比歐幾里得幾何更充分地說明歐幾里得度規的特殊地位。

⑩ 有人也許要問：時鐘佯謬的傳統解釋到底算不算錯誤？我的看法是，在各自針對的特例或近似下，它們作為理解時鐘佯謬的輔助手段，談不上錯誤。但它們是否稱得上解釋，則取決於對「解釋」一詞的理解，我個人認為它們起碼不算是好的解釋。

⑪ 瞬時隨動慣性系是指在所考慮的時刻與運動時鐘具有相同瞬時速度的慣性參考系，也稱為「瞬時靜止慣性系」（momentary inertial rest frame）。

從等效原理到愛因斯坦－嘉當理論

等效原理

眾所周知，等效原理（equivalence principle）——即重力場與加速場的不可區分性——是局域的。在一個非局域的參考系——比如有限大小的「愛因斯坦電梯」（Einstein's elevator）——中，我們可以通過對所謂「測地偏離」（geodesic deviation）效應的觀測，來區分重力場與加速場。這種觀測之所以有效，是因為所涉及的是聯絡（connection）的導數，或者說曲率（curvature）的分量，這是不能通過等效原理消去的。由於對測地偏離效應的觀測是在有限大小而非局域的參考系中進行的，因此與等效原理並不矛盾。

一般教材的討論大都到此為止。

很明顯，若所有物理效應都只跟度規及聯絡有關，那等效原理的成立就是普遍的。但假如存在某種局域的物理效應與曲率相耦合，那麼哪怕在局域的參考系中，我們也將可以通過對這種物理效應的觀測，而對重力場與加速場做出區分。

那樣的物理效應是否存在呢？答案極有可能是肯定的。事實上，有自旋粒子的運動很可能就是那樣的物理效應之一。雖然迄今尚無任何實驗足以檢驗這類效應，但一般認為，有自旋粒子在重力場中的運動由所謂的「馬西森－帕帕佩特魯－狄克遜方程式」（Mathisson-Papapetrou-Dixon equations）所描述，而這一方程式顯含曲率張量。因此，有自旋粒子在重力場中的運動會與曲率相耦合。由此得出的一個推論則是，通過觀測有自旋粒子的運動，原則上能在局域參考系中區分重力場與加速場①。

從某種意義上講，這意味著等效原理不再成立了。

但是，這並不意味著廣義相對論失效。對於廣義相對論來說，等效原理的作用主要是確立時空的偽黎曼（pseudo-Riemannian）結構。為此只要在每一點上存在局域參考系，使度規為閔考斯基度規（Minkowski metric），同時使得聯絡係數全部為零即可（如果把這作為等效原理的定義，則等效原理的成立將不受上面提到的效應所影響）。至於是否有物理效應與曲率相耦合，並不妨礙廣義相對論的建立。有自旋粒子的古典運動在廣義相對論的框架中是完全可以處理的，就像時鐘佯謬在狹義相對論的框架中完全可以處理一樣。

愛因斯坦－嘉當理論

剛才我們提到，有自旋粒子在重力場中的運動會與曲率相耦合，從而能用來局域地區分重力場與加速場。這一討論只涵蓋了與重力有關的有自旋粒子問題的一半——即有自旋粒子在給定的重力場中會如何運動。現在，我們來考慮問題的另一半，即有自旋粒子本身會產生什麼樣的重力場。這是一個性質很不相同的問題，因為有自旋粒子在給定的重力場中的運動——如前所述——不會對廣義相對論的結構產生根本性的影響，而有自旋粒子本身產生的重力場，則——如我們即將看到的——雖非必然，卻很有可能把我們引向不同於廣義相對論的理論，比如愛因斯坦－嘉當（Einstein-Cartan）理論。

我們知道，對所有具有能量－動量起源的角動量 $J^{abc} = x^aT^{bc} - x^bT^{ac}$ 來說，能量－動量張量 T^{ab} 的守恆（即 $\partial_a T^{ab} = 0$）與對稱（即 $T^{ab} = T^{ba}$）保證了角動量的守恆（即 $\partial_a J^{abc} = 0$）。這種角動量被稱為軌道角動量，它涵蓋所有的古典角動量（包括古典意義下的「自旋」——即自轉角動量）。另一方面，我們也知道，並非所有的角動量都具有能量－動量起源，比如量子意義下的自旋就不具有能量－動量起源（因為一個有自旋粒子完全可以是無質量的）。如果我們把這種所謂「內稟」（即不具有能量－動量起源）的角動量記為 S^{abc}，則總角動量可以表示為 $J^{abc} = S^{abc} + x^aT^{bc} - x^bT^{ac}$。這時角動量守恆 $\partial_a J^{abc} = 0$ 將會要求：

$$\partial_a S^{abc} = T^{cb} - T^{bc}$$

這一式子表明，除非內禀角動量單獨守恆（即 $\partial_a S^{abc} = 0$），否則能量－動量張量將是非對稱的（即 $T^{ab} \neq T^{ba}$）。由於內禀角動量顯然並不單獨守恆，因此上式中的能量－動量張量是非對稱的。

如果能量－動量張量非對稱，那麼愛因斯坦場方程 $G^{ab} = 8\pi T^{ab}$ 將要求愛因斯坦張量 G^{ab} 也是非對稱的。這表明時空幾何將不會是單純的黎曼幾何（Riemannian geometry）。使 G^{ab} 非對稱的一種最簡單的方案，就是引進非零的時空撓率（torsion）$t^a_{bc} = \Gamma^a_{bc} - \Gamma^a_{cb}$。由此產生的最簡單的理論就是所謂的愛因斯坦－嘉當理論，是法國數學家嘉當（Élie Cartan）於 1922 年提出的。

與純度規性的廣義相對論不同，愛因斯坦－嘉當理論是一種建立在仿射聯絡（affine connection）基礎上的引力理論，在這種理論中等效原理不再成立（因為非零撓率使得聯絡係數全部為零的局域參考系不復存在）。愛因斯坦－嘉當理論中的這種帶撓率的幾何被稱為黎曼－嘉當幾何（Riemann-Cartan geometry）。愛因斯坦－嘉當理論的場方程則為

$$G^{ab} = 8\pi T^{ab}$$

$$t^a_{bc} = 8\pi S^a_{bc} + 4\pi\delta^a_b S^d_{cd} + 4\pi\delta^a_c S^d_{db}$$

不過，上述推理並不是唯一的。

這不僅是因為使能量－動量張量非對稱的方法並不唯一（從而愛因斯坦－嘉當理論並不是唯一可能的推廣），而且也是因為內禀角動量的出現及並不單獨守恆這一特點並非必然導致能量－動量張量的非對稱性。事實上，通過對能量－動量張量添加一個對運動方程式沒有影響的散度項，我們總可以將它改寫為對稱形式。這種對稱形式的能量－動量張量被稱為貝林番特張量（Belinfante tensor）。有一種（比較常見的）

觀點認為，出現在愛因斯坦場方程中的能量－動量張量應該是貝林番特張量②。顯然，這可以使得愛因斯坦場方程的成立不受內稟角動量的影響。從這個意義上講，目前並沒有充分的理由——哪怕只是理論上的理由——使人們必須在古典範圍內拓展廣義相對論的框架。

但是，將貝林番特張量引進愛因斯坦場方程的做法也並不是完全令人滿意的。比如它使得表示角動量的能量－動量起源的關係式 $J^{abc} = x^aT^{bc} - x^bT^{ac}$ 具有了完全的普遍性，而我們在前面提到過，量子意義下的自旋就不具有能量－動量起源。因此，角動量與能量－動量之間的這種關係式似乎不該具有那麼大的普遍性，起碼不該將量子意義下的自旋包括在內。而一旦認定量子意義下的自旋是一種與能量－動量無關的角動量，那它對時空的影響就沒有理由被包含在能量－動量對時空的影響——即愛因斯坦場方程——之中。

另一方面，我們也不能簡單地把自旋對時空的影響從理論中丟棄掉，因為雖然尚不存在自旋對時空產生影響的任何觀測證據（考慮到自旋的微小，這是不足為奇的），但由於軌道角動量對時空的影響是廣義相對論的確鑿推論，在理論上單單把自旋對時空的影響丟棄掉無疑是極不自然的。這些都表明愛因斯坦－嘉當理論對自旋的處理——即既承認它對時空有影響，又不把這種影響歸結於能量－動量——是有一定合理性的。

除此之外，愛因斯坦－嘉當理論還有其他一些值得探討的特點，比如它可以將時空流形切空間上的結構群從廣義相對論中的勞侖茲群（Lorentz group）推廣到龐加萊群（Poincaré group）——這是嘉當提出這一理論的原始動機之一（我們所提及的量子意義下的自旋在當時尚未被發現），又比如它有可能對（部分地）消除廣義相對論中的奇點問題起到一定幫助等等。

不過，所有這些合理性及值得探討的特點，都未能使愛因斯坦－嘉當理論得到太多的關注。原因在我看來有不止一條：比如愛因斯坦－嘉當與廣義相對論的差別涉及到了像自旋這樣的量子效應，從而不僅現在，哪怕將來也幾乎沒有任何可能得到直接的觀測支持（重力在這種尺度上太過微弱）。此外，像有自旋粒子產生的重力場那樣的問題，由於場源的量子特徵無法忽略，很可能根本就不能用古典理論來處理③。假如古典理論根本就不能用，那麼將廣義相對論推廣為愛因斯坦－嘉當理論的做法，也許就像當年索末菲（Arnold Sommerfeld）將波耳理論推廣為相對論性那樣，缺乏真正的重要性。

2006 年 7 月 30 日寫於紐約
2014 年 12 月 13 日最新修訂

註釋

① 這裡需要注意的是，所謂「有自旋粒子」指的是量子場論意義下的有自旋的點粒子，因為這裡所借重的是量子場論意義下的「自旋」和「點粒子」這兩個概念——假如所討論的不是這種概念，而是有限大小的古典旋轉物體，則與等效原理的成立與否無關（因為它不是局域的）。從某種意義上講，這是在通過量子效應來局域地區分重力場與加速場。

② 支持這種觀點的一個重要理由是：從重力場的作用量原理所導出的場方程自動具有對稱形式的能量－動量張量。對這一點感興趣的讀者可參閱拙作〈希爾伯特與廣義相對論場方程〉的第 3 節——收錄於本書的「姊妹篇」《小樓與大師：科學殿堂的人和事》（清華大學出版社，2014 年）。

③ 比方說，用廣義相對論的克爾（Kerr）解來描述一個質量為 m，自旋為 J 的微觀粒子，將自旋視為角動量，則度規會在接近粒子康普頓波長（Compton wavelength）的 J/m 處出現所謂的「裸奇環」。我們且不去理會那個很令人頭疼的「裸」字——別想歪了，這是一個技術字眼，對之感興趣的讀者請參閱拙作《從奇點到蟲洞》的第 4 章（清華大學出版社，2013 年），在接近粒子的康普頓波長處出現像「奇環」那樣的奇異性顯然是不可接受的，也是與粒子物理實驗完全矛盾的。雖然對微觀粒子來說，我們原本就不該對古典描述有太多期待，但康普頓波長是古典與量子效應的分水嶺，古典度規在「分水嶺」上就出現如此巨大的問題，無疑是非常奇怪的，也是與重力在微觀世界中的微弱性很不一致的。

黑洞略談①

如果要在科學術語當中評選幾個最吸引大眾眼球的術語，黑洞（black hole）無疑會名列前茅。這個試圖用引力把自己遮蓋得嚴嚴實實的傢伙不僅頻繁出沒於科幻故事中，而且在新聞媒體上也有不低的曝光度。前不久，一條有關美國國家航空太空總署（The National Aeronautics and Space Administration, NASA）的「錢德拉」X射線太空望遠鏡（Chandra X-ray Observatory）發現「最年輕黑洞」的新聞就被媒體競相轉載。而有關大型強子對撞機（Large Hadron Collider, LHC）有可能因產生微型黑洞而毀滅地球的傳聞，更是不僅在過去幾年時間裡反覆出現在各大媒體的顯著位置上，而且還將美國和歐洲的司法界都捲入其中——因為有人試圖通過法律手段來制止對撞機的啟用，以「拯救」地球。在對撞機開始試運行的2008年9月，在印度甚至還發生了「一個『黑洞』引發的血案」——一位16歲的花樣少女據說因擔心微型黑洞毀滅世界而自殺。

這個攪起了如此風波的黑洞究竟是什麼東西呢？我們就圍繞這兩組新聞來談談它吧。

黑洞這個概念的起源通常被回溯到1783年，雖然那跟我們如今所說的黑洞其實沒太大關係。那一年，英國地質學家米歇爾（John Michell）利用牛頓萬有引力定律和光的微粒說推出了一個有趣的結果，那就是一個密度與太陽一樣的星球如果直徑比太陽大幾百倍，它的表面逃逸速度將會超過光速。這意味著該星球對遠方觀測者來說將成為一顆「暗星」（dark star）——因為作為微粒的光將無法從它表面逃逸。不久之後（1796年），法國數學家拉普拉斯（Pierre-Simon Laplace）在其著作《世界體系》（Exposition du système du monde）中也提出了同樣的結果。這個如今看來只有中學水準的結果，就是黑洞概念的萌芽。

但這個萌芽很快就枯萎了。

枯萎的原因是它所依賴的前提之一——光的微粒說在科學界失了寵，被所謂光的波動說所取代。光的波動說顧名思義，就是把光看成是一種波。但牛頓引力對這種波會有什麼影響？卻是一個誰也答不上來的問題。既然答不上這個問題，光能否從星球表面逃逸之類的問題也就無從談起了。因此自《世界體系》的第 3 版開始，拉普拉斯悄悄刪除了有關「暗星」的文字，他這個「與時俱進」的做法基本上為牛頓理論中的黑洞概念畫上了句號。

黑洞概念的捲土重來是在 20 世紀的第二個十年。那時候，愛因斯坦（Albert Einstein）於 1915 年底提出了廣義相對論（general relativity）。1916 年初，一位被第一次世界大戰的戰火捲到前線，且罹患天皰瘡（pemphigus），「陽壽」只剩五個多月的德國物理學家史瓦西（Karl Schwarzschild）得到了廣義相對論的一個後來以他名字命名的著名的解——史瓦西解（Schwarzschild solution）。從這個解中，我們可以得到很多推論，比方說如果把太陽壓縮成一個半徑不到 3 公里的球體 ②，外部觀測者就將再也無法看到陽光，這就是一種現代意義下的黑洞——史瓦西黑洞。與米歇爾和拉普拉斯的「暗星」不同，現代意義下的黑洞具有很豐富的物理內涵，並且不依賴於像光的微粒說那樣的前提 ③。

遺憾的是，史瓦西解的那些推論在很長的一段時間裡不僅沒有被人們所完全瞭解，反而遭來了一些針對黑洞的反對意見。就連愛因斯坦也曾提出過一些如今看來很幼稚的反對意見 ④。

不過「柳暗花明又一村」，另一個方向上的研究——即對白矮星（white dwarf）的研究——卻殊途同歸地將科學家們引向了黑洞。白矮星是耗盡了核融合原料後的老年恆星，它們的質量與太陽相仿，塊頭卻跟地球差不多，因而密度極高（一湯匙的白矮星物質的質量可達好幾噸）。白矮星的發現給科學家們帶來了一個問題：我們知道，恆星之所以能穩定地存在，是因為內部核融合反應產生的巨大的輻射壓力抗衡住了重力。但像白矮星那樣不具有大規模核融合反應的天體又是如何「維穩」的呢？這是一個很困難的問題。但幸運的是，當人們為這一問題傷腦筋時，一門新興學科——量子力學——已經成熟了起來，在量子力學中有一條原理叫做包立不相容原理（Pauli exclusion principle）。按照這條原理，電子是一群極有「個性」的傢伙，每一個都堅持擁有獨一無二的狀態。如果你想壓制這種「個性」，它們就會「殊死抗爭」，這種抗爭在宏觀上會體現為一種巨大的壓力，叫做「電子簡併壓力」（electron degeneracy pressure）。白矮星主要就是依靠這種壓力來抗衡重力的。當時很多人認為，這就是恆星的終極「養老方案」，因為計算表明，「電子簡併壓力」在任何情況下——即對於任何質量的恆星——都足以抗衡重力。

但一位印度年輕人無情地粉碎了這個美好的「養老方案」，此人名叫錢德拉塞卡（Subrahmanyan Chandrasekhar），本文開頭提到的發現「最年輕黑洞」 的「錢德拉」X 射線太空望遠鏡就是以他的名字命名的。

1930 年，本科剛畢業的錢德拉塞卡在研究白矮星時發現了一個出人意料的結果，那就是如果將相對論效應考慮在內，電子簡併壓力將大為減弱，尤其是，當白矮星的質量超過太陽質量的 1.4 倍時，電子簡併壓力將無法抗衡重力。可電子簡併壓力是當時已知的能使老年恆星抗衡重力的唯一機制，如果這一機制不管用了，那老年恆星的命運會是什麼呢？這一新問題使很多人深感不安，其中包括重量級的英國天文學家愛丁頓（Authur Eddington）。愛丁頓表示，錢德拉塞卡的結果是荒謬的，大自然是一定會讓晚年恆星「老有所依」的。用今天的眼光來看，這是一種沒什麼說服力的單純信念式的表態。不過在當年，這種表態卻給錢德拉塞卡帶來了很大的麻煩，他的論文直到一年多之後，才在遙遠的美國找到一份雜誌發表。

後來人們知道，恆星的「養老方案」其實不是唯一的，當電子簡併壓力無法抗衡重力時，老年恆星還有另一種歸宿，那就是中子星。這是一種密度比白矮星還高一億倍（從而一湯匙物質的質量可達幾億噸）的天體，它依靠的是與電子簡併壓力相類似、但更為強大的中子簡併壓力。不過可惜的是，後者的強大也是有限度的，當中子星的質量超過太陽質量的 3 倍多時，中子簡併壓力也會在巨大的重力面前敗下陣來，這時的恆星就真的沒救了，它的歸宿只有一個，那就是黑洞 ⑤。因此黑洞不僅是史瓦西解（以及後來發現的若干其他解）的推論，更是大質量恆星演化的必然歸宿。

但所有這些都只是理論，接下來的問題是：像黑洞那樣「黑」的東西，如何才能得到觀測上的證實？答案是：「解鈴還需繫鈴人」，能幫助我們觀測黑洞的，恰恰是那個使黑洞變「黑」的幕後推手——重力。黑洞雖然不發光，它的巨大引力卻足以造成許多極為顯著的觀測效應，比方說，如果黑洞附近有足夠多的物質，甚至有大質量的伴星，黑洞的巨大引力就會吞噬那些物質，而那些物質則會在掉進黑洞之前「垂死掙扎」——因劇烈碰撞等原因而發射出強烈的 X 射線（圖 4）。探測這種 X 射線因此而成為了探測黑洞最重要的手段之一。

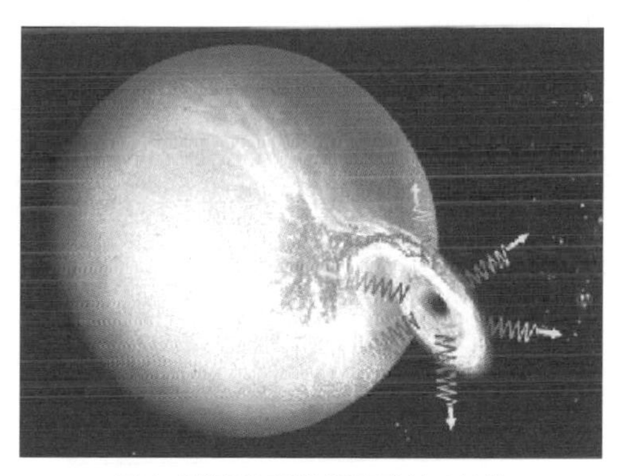

圖 4　黑洞因吞噬物質而發射 X 射線

好了，現在我們可以回過頭來談談本文開頭提到的那兩組新聞了。「錢德拉」X 射線太空望遠鏡之所以能用來尋找黑洞，正是利用了物質在掉進黑洞之前會發射出強烈的 X 射線這一特點。而此次發現的黑洞之所以被稱為「最年輕」，是因為它只有 30 多歲。我們怎麼知道它只有

30 多歲呢？因為它是 1979 年觀測到的一次超新星爆發的遺跡。不過要補充說明的是，這個黑洞位於距我們約 5000 萬光年之遙的一個漩渦星系中，我們如今觀測到的乃是它在 5000 萬年前所發射的 X 射線，因此它的真正年齡其實是約 5000 萬歲而不是 30 多歲。我們又怎麼知道它是黑洞呢？那是因為天文學家們利用 X 射線能譜等資料估算了它的質量，結果約為太陽質量的 5 ～ 10 倍，超過了中子星的最大可能質量 ⑥。這就是「最年輕黑洞」這一頭銜的由來。

接下來再談談所謂大型強子對撞機有可能因產生微型黑洞而毀滅地球的傳聞。大型強子對撞機是一個設計能量為 7 萬億電子伏特（7TeV）的對撞機（圖 5）。那樣的對撞機會產生黑洞嗎？按照廣義相對論，答案是否定的。因為這種萬億電子伏特（TeV）量級的能量在微觀上雖然很高，用宏觀標準來衡量卻是微乎其微的，只不過是千萬分之一焦耳的量級，這一丁點兒能量若想形成黑洞，除非是把它壓縮到一個尺寸為一千億億億億億億分之一公尺（10^{-51} 公尺）的區域內，這比所謂的普朗克長度（Planck length）還小得多，與大型強子對撞機所能觸及的最小尺寸相比，更是只有後者的一億億億億分之一（10^{-32}）。因此按照廣義相對論，大型強子對撞機是絕不可能產生微型黑洞的。

圖 5 大型強子對撞機

既然如此，為什麼仍有那麼多人擔心微型黑洞呢？因為他們背後有

「軍師」在指點，那些「軍師」為他們的擔心注入了一條重要理由，那就是在某些現代物理理論——比如超弦理論（superstring theory）——中，時空有不止四個維度。由於重力與時空密切相關，因此時空若有不止四個維度，重力的規律也將有所不同，而重力的規律一旦不同，產生黑洞的條件就會發生變化。理論計算表明，在那些帶有額外維度的理論中，確實存在一些尚未被實驗所排除的參數範圍，使得大型強子對撞機有可能產生黑洞。

這麼一來，事情就不太妙了。雖然那些認為時空有不止四個維度的理論目前還都只是假設性的，而那些使大型強子對撞機能產生黑洞的參數範圍更是假設中的假設。但無可否認的是，有不少物理學家對那樣的理論寄予厚望。因此，那樣的理論所允許發生的事情即便只是假設性的，也不容忽視。畢竟，我們只有一個地球，實在不敢拿它去賭哪怕最細微的風險。

幸運的是，即便那些假設性的理論是正確的，並且參數也恰好處在能使大型強子對撞機產生黑洞的範圍內，那樣的黑洞依然是不可能毀滅地球的。因為黑洞還有一個我們尚未介紹的重要特點，那就是它並不是完全「黑」的。1974 年，英國物理學家霍金（Stephen Hawking）發現，由於量子效應的影響，黑洞會向外輻射能量。這種所謂的霍金輻射（Hawking radiation）對於大質量黑洞來說是微乎其微的，但對微型黑洞卻極為顯著，而且在時空有不止四個維度的情況下依然存在。計算表明，由於霍金輻射的存在，即便大型強子對撞機能夠產生黑洞，那些黑洞也會在瞬息之間就「人間蒸發」，別說毀滅地球，就連侵吞一兩個原子都未必來得及。

至此，大型強子對撞機有可能因產生微型黑洞而毀滅地球的傳聞似乎該煙消雲散了。但事實卻不然，有些人依然表示懷疑，因為霍金輻射尚未被觀測證實過。雖然有關微型黑洞毀滅地球的擔心本身也是建立在尚未被觀測證實過的理論之上的，但當科學家們用同樣類型的理論來回答他們的擔心時，有些人卻拒絕接受。對於這種近乎偏執的懷疑，有一樣東西可以替科學家們作出回應，那就是宇宙射線。

大型強子對撞機是人類迄今所建能量最高的對撞機，但浩瀚的宇宙卻有各種辦法產生比那高得多的能量。觀測表明，我們所棲居的地球每秒鐘都會受到 10 萬次以上的超高能宇宙射線的轟擊，那些宇宙射線與地球物質發生碰撞時所具有的能量比大型強子對撞機的能量更高 ⑦，而且那樣的轟擊自地球誕生以來，在長達 45 億年的時間裡從未間斷過，相當於每時每刻都有大型強子對撞機在運行。如果大型強子對撞機果真有產生微型黑洞並毀滅地球的風險，無論其理論機制是什麼，那樣的風險都早該被宇宙射線轉化為現實了。我們今天仍能坐在地球上爭論這一問題本身，就很好地說明了那樣的風險並不存在。事實上，如果我們把眼光放得更遠一點，那麼不僅地球每時每刻都受到大量超高能宇宙射線的轟擊，表面積是地球一萬多倍的太陽更是一個大得多的靶子，如果那樣的轟擊有危險的話，像太陽那樣的龐然大物無疑會比地球死得更快。因此，包括太陽在內所有恆星的存在全都是極強的證據，表明大型強子對撞機因產生微型黑洞而毀滅地球的風險是完全可以排除的 ⑧。

事實上，大型強子對撞機若果真能產生微型黑洞的話，那不但不是什麼風險，反而是了不起的實驗成就，因為那不僅是對某些現代物理理論的絕佳檢驗，而且還是研究霍金輻射的最好、甚至有可能是唯一的直接手段。

2010 年 11 月 24 日寫於紐約

註釋

① 本文曾以〈有關黑洞的前世今生〉為題發表於《中學生天地》2011年2月刊（浙江教育報刊社出版）。

② 更準確的說法是周長不到18. 6公里（3公里 ×2π），因為那才是具有觀測意義的量。但為行文方便起見，我們仍將使用「半徑」這一術語，只不過它的真正含義是周長除以2π，而非徑向距離。

③ 現代意義下的黑洞（史瓦西黑洞只是其中最簡單的一種）與米歇爾和拉普拉斯的 「暗星」很不相同，比如後者只是遠方的觀測者無法看到（由於作為微粒的光在「暗星」重力場中仍可運動一段距離，因此近處的觀測者仍可看到），而前者則對於任何外部觀測者都是 「黑」的。

④ 愛因斯坦計算了黑洞附近圓軌道上的粒子運動速度，結果發現軌道半徑小於黑洞臨界半徑的1. 5倍時，粒子運動速度會超過光速。他據此認為黑洞是不可能存在的。這一意見的幼稚之處在於，那計算無非說明在黑洞近旁粒子不可能維持圓軌道（除非有外力）， 而並不表示黑洞無法存在。這就好比在一個大漩渦裡游泳者無法維持圓軌道，並不表示大漩渦不可能存在。

⑤ 有人提出過比中子星更緻密的所謂「夸克星」（quark star）。不過「夸克星」即使存在，其密度也只會比中子星略大（如果說中子星像一個巨型原子核，那麼夸克星就像一個巨型核子）。「夸克星」是否存在目前尚有爭議，不過理論研究顯示，無論它存在與否，都不太可能顯著改變耗盡核融合能量後大質量天體坍縮為黑洞的臨界值。

⑥ 不過，由於對中子星最大可能質量的計算以及對「最年輕黑洞」的質量估算都有一定的誤差，因此該天體究竟是黑洞還是中子星目前尚有一定的爭議，只能說它有較大的可能性是黑洞。

⑦ 這個能量是指質心系能量。

⑧ 嚴格講，由高能宇宙射線產生的微型黑洞——如果有的話——與大型強子對撞機產生的微型黑洞有一個區別，那就是前者是高速運動的，從而會很快穿過地球。但研究表明，即便如此，假如那樣的微型黑洞能夠被產生，並且有毀滅星球的威力的話，宇宙中那些高度緻密且具有強重力場的天體——比如白矮星和中子星——仍會因為俘獲那樣的黑洞而迅速滅亡，這同樣與觀測明顯不符。

反物質淺談

繪畫｜張京

一個令人苦惱的結果

眾所周知，科幻小說作為一種特殊形式的小說，常從現代科學的發展中吸取新概念，反物質就是常被吸收的新概念之一。20 世紀 40 年代，美國科幻小說家威廉森（Jack Williamson）創作了一系列以反物質為題材的小說，稱為 C. T. 故事，其中「C. T.」是他為反物質所擬的名稱——「Contra-Terrene」——的縮寫。威廉森的 C. T. 故事問世後不久，另一位美國科幻小說家艾西莫夫（Isaac Asimov）也在自己膾炙人口的機器人故事中引進了反物質的概念，他所設想的機器人大腦是所謂的「正電子腦」（positronic brain），而正電子乃是電子的反粒子，是反物質的基本組元之一。20 世紀 60 年代，著名科幻電視連續劇《星際爭霸戰》（Star Trek）開始播出，在這部連續創作和播出約 40 年之久、擁有不止一代忠實粉絲的電視連續劇中，反物質是星際飛船的重要燃料。這一點如今已幾乎成為了所有以星際旅行為題材的科幻小說的共同特點。反物質概念在科幻小說中的頻頻出現，使公眾對這一概念也產生了濃厚興趣。

那麼，反物質這一概念是何時，以何種方式被提出的？人們又是如何發現反物質的？反物質究竟是不是一種有效的星際飛船燃料？我們的宇宙中到底是物質多呢還是反物質多？這些或許是很多人不甚瞭解卻不無興趣的問題。本文將對這些問題作一些介紹。

反物質這一概念在學術界的出現最早可以追溯到 19 世紀末。1898

年，英國物理學家舒斯特（Arthur Schuster）在給《自然》（Nature）雜誌的一封信中提到，既然電荷可以有負的，金子說不定也可以有負的，而且負金子說不定和我們熟悉的金子有著一樣的顏色。這或許是有關反物質的想法在科學文獻中的萌芽。不過舒斯特有關反物質的想法只是一種簡單而模糊的思辨，沒有真正的理論依據，因而也沒有引起任何重視。反物質概念在物理學上的真正淵源，是從將近 30 年後的 1927 年開始的。那一年，量子力學奠基人之一的英國物理學家狄拉克（Paul Dirac）提出了一個描述電子運動的數學方程式。

狄拉克所提出的這一方程式——即所謂的狄拉克方程式（Dirac equation）——是一個既具有量子力學特徵，又滿足狹義相對論要求的方程式，在當時是很令人耳目一新的結果 ①。更漂亮的是，這一方程式還出人意料地自動包含了一些此前為解釋實驗結果而不得不人為添加到量子力學中的東西，一些在當時看來絕非顯而易見的東西，比如電子的自旋和磁矩。作為一個方程式，狄拉克方程式的形式之簡潔，內涵之豐富，預言之神奇，似乎達到了物理學家們夢寐以求的境界。

但這一方程式的「野心」似乎還不止於此，它還包含了另外一個重要結果——可惜這回卻是一個令人苦惱的結果。

這個令人苦惱的結果是：狄拉克方程式所描述的電子的總能量既可以是正的，也可以是負的。這個結果之所以令人苦惱，是因為人們在自然界中從未發現過總能量為負的電子，因此狄拉克方程式似乎允許存在一些自然界中不存在的東西。僅僅這樣倒還罷了，因為允許存在的東西可以碰巧不存在，因此大不了假定自然界中所有電子的總能量碰巧都是正的。但不幸的是，按照量子力學，一個理論只要允許總能量為負的狀態——即所謂的「負能量狀態」，那麼哪怕假定自然界中所有的電子的總能量碰巧都是正的，它們也會在很短的時間內通過量子躍遷進入到負能量狀態，從而變成總能量為負的電子——也稱為「負能量電子」。這種躍遷的結果無疑是災難性的，與現實世界也大相徑庭 ②。

錯誤描述中的正確結論

這麼看來，狄拉克方程式看似漂亮，實際上卻似乎是錯的，而且還錯得相當離譜，足可把整個世界都搭進災難裡去。但是，狄拉克方程式又分明包含了很多看起來正確得驚人的結果，一個錯得如此離譜的方程式又怎可能包含如此多正確得驚人的結果呢？莫非真的應了那句俗語：真理過頭一步就是謬誤？

為了解決這個令人苦惱的兩難問題，狄拉克於 1930 年提出了一個大膽的假設，那就是負能量電子的確是存在的，不僅存在，而且還很多，多到足以把所有負能量狀態都占滿的地步。有人也許會問：既然有這麼多負能量電子，為什麼人們在自然界中從未發現過呢？答案是：由所有這些負能量電子組成的「海」就是我們平時所說的真空，從而不存在直接的觀測效應。狄拉克之所以提出這樣古怪的假設，是因為當時人們已經知道了一條重要的物理原理，叫做包立不相容原理（Pauli exclusion principle），它表明任何兩個電子都不能有相同的狀態。既然任何兩個電子都不能有相同的狀態，那麼一旦所有負能量狀態都被負能量電子所占滿，正能量電子也就不可能再通過量子躍遷進入到負能量狀態了。這樣一來，負能量狀態的存在也就不再成為問題了。

狄拉克的假設挽救了狄拉克方程式，卻帶來了一個新問題。那就是他的假設雖然阻止了正能量電子進入負能量狀態，卻並不妨礙負能量電子因獲得外來的能量而變成正能量電子。一旦出現這種情形，除產生一個正能量電子外，真空中還將出現一個因負能量電子空缺而形成的空穴，這種空穴等價於一個具有正能量，並且帶正電荷的粒子。（請讀者想一想這是為什麼？）由此帶來的新問題就是：這種帶正電的粒子究竟是什麼粒子呢？狄拉克的數學直覺告訴他那應該是一個質量與電子質量相同的粒子。但當時物理學家們所知道的唯一帶正電的基本粒子是質子，其質量比電子質量大了 1800 多倍。因此如果空穴所對應的帶正電粒子的質量與電子質量相同，它將是一種新粒子，這是一個很大的麻煩。今天的讀者也許難以理解這種視新粒子為麻煩的想法，因為換作是在今天，能夠預言新粒子不僅不是麻煩，往往還會被認為是令人興奮的結果（除非有顯著的實驗證據或理論依據表明所預言的新粒子不可能存在）。但提出新粒子這種後來一度成為家常便飯甚至蔚為時尚的做法，對當時的物理學家來說卻幾乎是一個思維禁區——一個連素以勇氣著稱的量子力學奠基者們也未敢輕易逾越的思維禁區。在這一思維禁區面前，具有極高數學天賦，並且一向崇尚數學美的狄拉克犯下了一生為數不多的顯著錯誤之一，他放棄了自己的數學直覺，提出空穴對應的粒子是質子。

幸運的是，思維禁區束縛得了思維，卻束縛不了計算；物理學家的思維禁區束縛得了物理學家，卻束縛不了數學家。狄拉克的觀點提出後，與他同時代的德國物理學家海森堡（Werner Heisenberg）和奧地利物理學家包立（Wolfgang Pauli）分別對空穴的質量進行了計算，結果表明它應該與電子質量相同；德國數學家外爾（Hermann Weyl）更是從理論的對稱性出發直接證明了這一點。另一方面，不管空穴是什麼，既然它是電子離開所留下的，那麼電子顯然也可以重新躍回空穴，一旦出現這種情況，電子與空穴就會一起消失（變成能量），這種過程被稱為湮滅（annilation）。如果空穴是質子，那麼這就意味著電子可以與質子互相湮滅。這結果看起來顯然很令人不安，因為電子和質子是組成物質的基本粒子（當時中子尚未被發現），如果它們可以相互湮滅，那麼物質的穩定性就成問題了。當然，問題到底有多嚴重還得看湮滅的快慢程度，或者說湮滅的機率。美國物理學家歐本海默（Robert Oppenheimer）和俄國物理學家塔姆（Igor Tamm）分別計算了這種機率，結果發現它相當大，足以使物質世界在很短的時間內就崩潰離析。

在這些結果的連環打擊下，空穴是質子的假設遭到了滅頂之災。1931 年，狄拉克糾正了自己的錯誤，並提議將空穴所對應的，質量與電子質量相同、電荷與電子電荷相反的實驗上尚未發現的新粒子稱為反電子（anti-electron）。這一回，他徹底突破了禁區，不僅提出了反電子，而且進一步提出質子及其他粒子——如果有的話——也應該有相應的反粒子。

如果所有的粒子都有反粒子，那麼就完全有可能存在由反粒子組成的物質，這種物質就是人們所說的反物質。因此從某種意義上講，這一年——即 1931 年——可以被視為是反物質概念誕生的年代。

按照狄拉克對反粒子的描述，反粒子是粒子脫離負能量狀態後留下的空穴，因此反粒子與相應的粒子可以湮滅。這種湮滅有可能使粒子與反粒子同時轉化為能量（比如光子）③，這是理論上所能達到的最高能量轉化效率。這種轉化效率是如此之高，以至於 1 克反物質與 1 克物質湮滅所產生的能量就足以超過二戰末期美軍投擲在日本廣島和長崎的兩顆原子彈所釋放能量的總和。不難設想，若有朝一日人類能廣泛利用反物質作為能量來源，無疑將會帶來巨大的技術飛躍。這是反物質成為很受科幻小說家們青睞的能量來源的根本原因。

不過需要指出的是，狄拉克對反粒子的描述雖然很直觀，並且粗看起來頗有道理，在今天看來其實卻只有歷史價值，或者用美國物理學家施溫格（Julian Schwinger）的話說，是「最好作為歷史的獵奇而被遺忘」。為什麼呢？因為如上文所介紹，狄拉克的描述需要通過包立不相容原理來阻止正能量粒子進入負能量狀態。對於電子和質子這樣的粒子——被稱為費米子（fermion）——來說，這恰好是可以做到的。但自然界中還存在另外一類粒子——被稱為玻色子（boson），它們並不滿足包立不相容原理。對於那樣的粒子，狄拉克有關反粒子的描述就無能為力了。不僅如此，按照狄拉克的描述，正反粒子的產生必須是成對的，因為一個新粒子的產生必定會留下相應的空穴——即它的反粒子；反過來說，新空穴的出現也只能是由於相應粒子的產生——即脫離負能量狀態。但實驗卻表明這種粒子與相應反粒子的「雙宿雙飛」並不普遍成立。比方說在 β 衰變中，電子的出現就並不伴隨有反電子。因此狄拉克對反粒子的描述細究起來並不正確，這一點不僅被多數科普讀物所忽視，甚至在一些現代教科書中都沒有明確說明，這是有些不應該的。對反粒子的普遍描述，是在量子場論出現之後才建立起來的。不過狄拉克對反粒子的描述雖然並不正確，其所包含的一些基本結論，比如反粒子與相應的粒子質量相同，所帶電荷及若干其他量子數相反，正反粒子可以相互湮滅等等，卻是普遍成立的，並且它的提出對量子場論的產生起到過啟發作用，從這些意義上講它對物理學的發展是功不可沒的。

走錯方向的電子還是走對方向的正電子？

與反粒子理論的曲折發展同樣生動坎坷的，是實驗物理學家們發現反粒子的故事。對於實驗物理學家們來說，這個故事多少帶著點遺憾，因為其實早在狄拉克提出反粒子概念之前，反粒子就已經在實驗室裡留下了蹤跡，卻被他們所忽略，這才讓理論物理學家捷足先登。

在 20 世紀 30 年代，物理學家們探測帶電粒子徑跡的主要工具是雲室（cloud chamber）。雲室不僅可以顯示帶電粒子的徑跡，通過將其置於磁場中，還可以進一步判斷出粒子所帶電荷的正負——因為正電荷與負電荷在穿過磁場時會往不同方向偏轉。早在狄拉克提出反粒子概念之前，實驗物理學家們就在雲室照片中發現過一些類似於電子，卻與電子有著相反偏轉方向的徑跡。這些徑跡其實正是反電子掠過雲室留下的倩影。可惜就像狄拉克起初不敢把空穴詮釋成反電子一樣，實驗物理學家們也未曾想到把那些反常徑跡詮釋成新粒子，從而錯失了先於理論而發現反電子的機會。

直到狄拉克提出空穴是反電子之後，雲室中那些反常徑跡才引起了一些實驗物理學家的重視。比如英國卡文迪許實驗室（Cavendish Laboratory）的物理學家布萊克特（Patrick Blackett）就告訴狄拉克說，自己與同事可能已經發現了反電子存在的證據。但即便有狄拉克當出頭鳥，布萊克特仍未敢貿然發表自己的發現，而是打算做進一步的核實。這一延緩將發現反電子的優先權拱手讓給了大西洋彼岸的美國物理學家安德森（Carl David Anderson）。

安德森當時在美國西岸的加州理工大學（California Institute of

Technology）從事宇宙射線研究。與其他一些實驗物理學家一樣，他也在自己的雲室照片中發現了類似於電子，卻與電子有著相反偏轉方向的徑跡，而且這樣的徑跡並不稀少，這一點引起了安德森的重視，於是他把這一發現告訴了當時正在歐洲進行訪問的導師密立根（Robert Andrews Millikan）。密立根是一位實驗物理大師，曾因測量電子電荷及光電效應方面的工作獲得 1923 年的諾貝爾物理學獎。對於安德森所發現的徑跡，密立根的解釋是視之為質子產生的——質子所帶電荷與電子相反，因而可以解釋觀測到的偏轉方向與電子相反這一事實。但密立根的質子解釋有一個致命的弱點，那就是像質子這樣的重粒子在雲室中的徑跡應該遠比像電子那樣的輕粒子來得顯著。可是安德森所發現的徑跡卻並未顯示出這種差異，因此密立根的質子解釋很快被排除了。

另一方面，安德森自己也提出了一種解釋，他認為偏轉方向與電子相反的徑跡有可能是由反方向運動的電子產生的，這種解釋也曾被歐洲物理學家們採用過。單純從徑跡的偏轉方向上講，它的確是能夠說得通的。但安德森的反向電子解釋也有一個令人困惑的地方，那就是他所研究的是宇宙射線，而宇宙射線來自天空，從而應該是以大體相同的方向——即自上而下——穿越雲室的。既然如此，反方向運動的電子又從何而來呢？解決這一疑問最直接的辦法無疑是對電子的運動方向進行直接檢驗。為此，安德森在自己的雲室中間插入了一片薄薄的鉛板。由於粒子穿過鉛板速度會變慢，因此只要對粒子在鉛板上下的速度快慢進行比較，就可以判斷出粒子的運動方向 ④。通過這一手段，安德森發現絕大多數偏轉方向與電子相反的粒子和電子一樣來自天空，也就是說它們的運動方向與電子是相同而不是相反的。這就把安德森自己的反向電子解釋也排除了。

這兩種解釋都被排除了，留給安德森的就只剩下一種解釋了，那就是：他所發現的徑跡來自一種帶正電的、質量卻遠比質子輕的粒子——一種尚不被實驗物理學家所知道的新粒子。但這種解釋也有一個問題：那就是這樣一個質量不大的新粒子為什麼以前一直未被發現呢？如果安德森知道狄拉克的空穴理論，他或許會想到那是因為這種粒子是反電子，它很容易因為與電子相互湮滅而從人們眼皮底下消失。可當時安德森並不知道狄拉克的空穴理論，因此留給他的這唯一解釋似乎看起來也不太可能。不過「看起來不太可能」和 「不可能」終究是有差別的，福爾摩斯有一句雖不嚴謹但很管用的名言：當你排除了所有的不可能，剩下的無論看起來多麼不可能，一定就是真相。安德森知道這時候不應該猶豫了，於是他不顧密立根的反對，於 1932 年 9 月公佈了自己的發現。

4 年後，這一發現為他贏得了諾貝爾物理學獎。

安德森發現新粒子的消息一傳到歐洲，布萊克特和他的同事立刻意識到自己犯下了遲疑不決的「兵家大忌」，他們已經發現卻未敢貿然發表的顯然正是同樣的粒子。於是他們立刻也發表了自己的結果。他們的結果雖不幸在時間上落後於安德森，卻有幸在空間上佔據了一個有利條件，那就是他們離狄拉克很近。安德森雖然發現了新粒子，卻不知道它和電子的關係，而布萊克特和他的同事不僅知道新粒子和電子的關係，還知道它和電子可以成對產生，於是他們在自己的雲室照片中有意識地尋找這種產生過程的證據，並如願以償地成為了首先發現正反粒子對產生過程的物理學家⑤。

在這些成果的發表過程中，反電子獲得了一個新的、後來更為流行的名稱：正電子（positron）。這個名稱是一位雜誌編輯向安德森建議的，它的本意是「正子」（當時安德森並不知道這一粒子與電子有關）。

從反粒子到反物質

正電子成為人類發現的第一種反粒子並非偶然。因為與之相比，其他反粒子要麼在宇宙線及天然放射源中比較稀少，而早期加速器的能量又不足以產生；要麼由於交互作用太弱而不易檢測，其發現的難度都遠遠大於正電子。因此自正電子被發現之後，發現反粒子的步伐停頓了下來，直到二十幾年後才迎來了一輪爆發。1955 年，義大利物理學家賽格雷（Emilio G. Segrè）與美國物理學家張伯倫（Owen Chamberlain）「領銜」發現了反質子（賽格雷和張伯倫獲得了 1959 年的諾貝爾物理學獎）；次年，美國物理學家考克（Bruce Cork）及其合作者又發現了反中子。至此，組成物質的三種最重要粒子的反粒子都被發現了。此後，隨著加速器能量的持續提高，其他基本粒子的反粒子也被陸續發現——當然，後來的那些發現對物理學家們來說已毫無懸念，因為在理論上，除少數粒子與自己的反粒子相同外，所有其他粒子都該有自己反粒子的觀念早已確立。

不過儘管反粒子的發現和產生已不再稀罕，但反粒子很容易被「正」粒子湮滅，因此如何保存它們依然是一個極大的技術難題。直到 20 世紀 80 年代，物理學家們才開始掌握了保存少量反粒子的手段。但是要想保存更多的反粒子，卻又面臨另一個技術難題，因為帶同種電荷的反粒子相互排斥，中性的反粒子又不穩定。在這種情況下，要想積累反粒子，一種可能的手段是讓反粒子像普通粒子配成原子那樣配成中性的反原子。但是讓那些極易湮滅，通常又高速運動的反粒子乖乖地組成原子又談何容易？這項工作直到 1995 年才由德國物理學家歐勒特（Walter Oelert）領導的實驗小組所完成，他們在歐洲核子中心（CERN）的低能反質子環（Low Energy Antiproton Ring）上成功地製備出了 9 個反氫原子。雖然只有區區 9 個，與普通原子動輒就是幾個莫耳——1 莫耳約有 6000 萬億億（6×10^{23}）個——的海量相比少得簡直不值一提，但這一消息 1996 年初一經披露立即引起了世界性的轟動。許多大媒體用顯著標題進行了報導，歐勒特本人也受到了媒體記者的「圍追堵截」，有記者甚至試圖把他從飛機上攔截下來進行採訪。反氫原子的製備之所以引起媒體如此廣泛的關注，一個很重要的原因是因為原子和分子是承載物質物理和化學性質的基本組元。從這個意義上講，反氫原子的成功製備是人類有史以來首次製備出了反物質，此前所研究的只能稱為是反粒子而不是反物質。對媒體來說，這無疑是一個極大的興奮點。

不過歐勒特製備反氫原子雖是歐洲核子中心有史以來最受媒體關注的新聞之一，但該中心的粒子物理學家們卻大都只是將之視為實驗工藝上的成就，有人甚至戲稱其為「新聞實驗」。因為從理論上講，由反粒子組成反原子乃是稀鬆平常之事；而從實用的角度講，歐勒特製備的反氫原子不僅數量稀少，而且存在的時間也短得可憐，只有一億分之四秒（4×10^{-8}s），距離實用無疑還差得很遠。歐勒特實驗成功後的第二年，歐洲核子中心關閉了為這一實驗及其他三十幾個實驗立下過汗馬功勞的低能反質子環。這個低能反質子環在它服役的 14 年間總共產生了超過 100 萬億個反質子。如果把這些反質子全部當成反物質燃料與質子湮滅，它們所產生的能量大約可以讓一盞 100 瓦的燈泡點亮 5 分鐘。將這點微不足道的能量與 14 年間為產生這些反質子而消耗的巨大能源相比，不難看到用反物質作為能源在目前還是極度得不償失的。

但這些技術上的困難並不妨礙人類的想像力將反物質作為未來可能採用的一種能源。這種能源除了具有理論上最高的轉化效率外，還有一個非常吸引人的優勢，那就是潔淨。我們知道，傳統的能源，無論是化學能還是核能，通常都會在使用後產生有害的殘留物，比如廢氣、核廢料等，而正反物質的湮滅卻可以將燃料徹底轉化為能量，從而不留下任何殘留物質，因此它是一種理論上最潔淨的能源。這樣既潔淨又高效的能源不僅是科幻小說家的最愛，對於工程和軍事領域來說也有著無窮的魅力。比如早在 20 世紀中葉，美國氫彈之父泰勒（Edward Teller）和蘇聯氫彈之父沙卡洛夫（Andrei Sakharov）就各自提出過反物質武器的可能性。在美蘇冷戰的後期，伴隨「星際大戰」計畫的展開，美國軍方開始了反物質應用方面的研究。

不過，反物質武器的製造除了有上面提到的困難外，還會面臨一個意想不到的難題，那就是正反物質相互接觸時，因湮滅而產生的輻射壓會將正反物質劇烈推開，從而急劇減緩能量釋放的速度。這種效應的一個「日常生活版」很多人也許早已見過，那就是：將一滴水滴在熱鍋上，水會漸漸蒸發，一般來說，鍋越熱，蒸發就越快，可是當鍋熱到一定程度後，水滴的蒸發狀況會發生顯著變化，它會在熱鍋上四處移動甚至跳躍，蒸發速度則反而大為減緩。這種有趣的現象早在兩百五十多年前就被一位名叫雷登弗羅斯特（Johann Gottlob Leidenfrost）的德國醫生注意到了，因而被稱為雷登弗羅斯特效應（Leidenfrost effect）。雷登弗羅斯特效應的物理機制是：當鍋熱到一定程度後，水滴劇烈汽化產生的蒸汽會在水滴與鍋之間產生一層蒸汽膜，阻隔兩者的進一步接觸，從而急劇減緩水滴的蒸發速度。這種機制也適用於正反物質的接觸，只是蒸汽膜換成輻射層而已。雷登弗羅斯特效應對反物質武器的製造是一種障礙。不過，隨著蘇聯的解體和冷戰的落幕，近乎軍事「大躍進」的反物質武器研究很快就遭到了放棄。

到目前為止，除了基礎物理研究外，反物質的主要應用領域是在醫學影像方面。由於受技術水準及反物質數量的稀少所限，多數其他類型的反物質應用起碼在目前還是很不現實的。不過，讓想像力自由馳騁的話，未來的希望總是有的。比方說，假如宇宙中存在足夠規模的天然反物質源，情況就將有所不同，因為那樣我們就不必為製備反物質而費心了——雖然高效而安全地收集和保存反物質仍將是極具難度的挑戰。

這就給科學家們提出了一個很大的問題，那就是：宇宙中有可能存在大規模的天然反物質源嗎？

宇宙的主人和客人

物理學家們曾經對這一問題作出過肯定的猜測。狄拉克在他的諾貝爾演講中就曾表示，如果正反物質是完全對稱的，那麼宇宙中完全有可能存在由反物質組成的星球。如果將這種猜測發揮一下，那麼我們還可以設想宇宙中不僅存在由反物質組成的星球，甚至有可能存在由反物質組成的生物。另一方面，在宇宙大爆炸初期的極高溫條件下，正反物質的產生應該是同等可能的，從這個角度講似乎也有理由預期宇宙中存在大量的反物質，甚至在數量上與物質等量齊觀。

但隨著理論和觀測的逐步深入，這些初看起來不無合理性的猜測漸漸冷了下來。

首先可以明確的一點是：由於反物質與物質會相互湮滅，因此在我們所生活的這顆小小的藍色星球上，像發現煤礦或鈾礦那樣發現「反物質礦」是完全不可能的。不僅如此，反物質在整個太陽系中的存在也是微乎其微的，因為否則的話，由太陽發出，被稱為太陽風的粒子流與反物質之間的湮滅早就應該被發現了。再往遠處看，情況也沒有實質的改變，雖然宇宙射線中存在一定數量的反粒子，有些地方甚至存在反粒子源，但那些反粒子大都來自普通物質所參與的高能物理過程。迄今為止並無任何確鑿的證據，表明宇宙中可能存在反物質星球，或任何其他大範圍的反物質分布。

事實上，不僅沒有確鑿證據表明宇宙中存在大範圍的反物質分布，相反，卻有不少證據表明大範圍的反物質分布不太可能存在。這種證據之一來自於宇宙中重子——主要是質子和中子——數量和光子數量的比值。我們知道，極早期宇宙中充斥著各種基本粒子，它們隨時被高能物理過程所產生，也隨時相互湮滅。當宇宙的溫度逐漸降低時，粒子的產生過程開始受到抑制，因為它們所需的能量越來越難以達到。對於重子和反重子來說，這大致發生在宇宙溫度為 10 萬億度的時候。在這個溫度以下，湮滅過程起到主導作用，重子與反重子很快因為彼此湮滅而轉變為光子或其他輕粒子。在那樣的過程中重子與反重子變得越來越少，直至其密度低到連湮滅過程也無法有效進行為止，那時仍殘留的重子就組成了我們今天所生活的物質世界（由此可見我們的物質世界是多麼地來之不易）。這種過程所導致的一個顯而易見的後果，就是今天宇宙中的重子數遠遠少於光子數，而且早期宇宙中的重子與反重子越對稱，這種湮滅過程就會進行得越徹底，今天宇宙中的重子數相對於光子數也就會越少。觀測表明，今天宇宙中的重子數與光子數的比值大約為 1 比 10 億（10^{-9}）。這雖然已經是一個很小的比例，但理論計算表明，如果湮滅過程開始起主導作用時宇宙中的重子與反重子是完全對稱的話，這個比值還要小得多，大約會是 1 比 100 億億（10^{-18}）。因此，我們所觀測到的重子數與光子數的比值是一個很有力的證據，它表明早期宇宙中的重子與反重子是不對稱的，而我們賴以生存的整個物質世界正是這種不對稱的產物，是一個反物質極為稀少的宇宙。

有讀者可能會問，是否有可能出現這樣的情況，即早期宇宙中的重子與反重子完全對稱，只不過由於某種原因而彼此分離了開來，從而沒有發生有效的相互湮滅？如果是這樣，那就既可以保持物質與反物質之間的對稱性，又可以解釋為什麼我們觀測到的重子數與光子數的比值遠比由對稱性所預期的 1 比 100 億億來得高。應該說，這是一個很不錯的問題，事實上，物理學家們曾經考慮過這樣的可能性。但這種猜測有兩個致命的弱點：一是沒有任何已知的物理過程可以將隨機產生的重子和反重子有效地加以分離；二是如果早期宇宙中真的存在過這種正反物質分離的情況，那麼正反物質的湮滅在空間分布上將是高度非均勻的，這應該會在今天的宇宙微波背景輻射中留下遺跡。這樣的遺跡並未被發現，因此這種可能性基本上可以被排除了。因此，無論觀測還是理論都表明：我們今天所生活的宇宙是一個正反物質不對稱的宇宙，物質是這個宇宙的主人，反物質只是稀客。

惱人的不對稱之謎

既然我們所生活的宇宙是一個正反物質不對稱的宇宙，那麼一個很自然的問題就產生了，那就是為什麼會出現這種不對稱？對此，科學家們曾經有過兩類不同的看法。其中第一類看法認為正反物質的不對稱是由初始條件決定的，或者說是「先天」造就的。顯然，這類看法比較消極，幾乎等於是回避問題。令人欣慰的是，這種「偷懶」的看法在暴脹宇宙論出現後受到了沉重的打擊。因為按照暴脹宇宙論，宇宙創生之初即便存在正反物質的不對稱，也會在暴脹過程中被稀釋得微乎其微。因此初始條件並不能對今天觀測到的正反物質的不對稱給出令人滿意的解釋。

既然初始條件不足以解釋正反物質的不對稱，那我們就只能寄希望於宇宙創生之後所發生的具體物理過程了，這就是第二類看法。這類看法認為我們今天觀測到的正反物質的不對稱是由某些特定類型的物理過程產生的。

那麼，究竟什麼樣的物理過程才能造成正反物質的不對稱呢？早在 1967 年，蘇聯氫彈之父沙卡洛夫就提出了那樣的物理過程所需滿足的三個條件：

（1）必須破壞費米子數守恆；
（2）必須破壞 C 和 CP 對稱性；
（3）必須破壞熱平衡。

這些條件後來被稱為沙卡洛夫條件（Sakharov conditions），是任何能夠產生正反物質不對稱的物理過程或物理理論所必須滿足的。

沙卡洛夫條件中的第一條提到的費米子是組成物質的基本粒子，比如電子、質子和中子（進一步細分的話，質子和中子是由夸克組成的，而夸克也是費米子）。所有費米子的費米子數都是正的，而反費米子的費米子數則是負的。如果宇宙中的正反物質完全對稱，那麼總費米子數將是零。由於我們的宇宙中普通物質遠比反物質多，因此總費米子數是正的。任何物理過程或物理理論要想讓宇宙從正反物質完全對稱（從而總費米子數為零）的狀態演化到如今這個費米子數為正的狀態，就必須改變總費米子數，從而必須破壞費米子數守恆。

沙卡洛夫條件中的第二條提到的 C 和 CP 對稱性分別是基本粒子層次上的正反粒子對稱性及正反粒子與宇稱聯合對稱性。其中正反粒子對稱性要求將一個物理過程中的所有粒子替換成相應的反粒子時，過程發生的機率不變。正反粒子與宇稱聯合對稱性則是指在上述替換的同時再將物理過程換成它的鏡像（好比是透過一面反射鏡去看它）時，過程發生的機率也不變。這兩個對稱性之所以必須被破壞，是因為否則的話，任何可以造成物質多於反物質的物理過程都會伴隨一個與它同樣可能的、造成反物質多於物質的過程（即上述替換過程），這樣兩類過程的效果將會相互抵消。

最後，沙卡洛夫條件中的第三條之所以必須滿足，是因為否則的話，任何可以造成物質多於反物質的物理過程都將與處在熱平衡的逆過程相互抵消。

這三個條件雖被稱為沙卡洛夫條件，不過沙卡洛夫本人在其長度只有三頁的短文中其實並未如此鮮明地表述過這三個條件，這些條件是後人依據他的思路所歸納及重新表述的。

在這三個條件的基礎上，物理學家們提出了許多理論模型，試圖對正反物質不對稱的起源作出定量解釋。這些模型從相對簡單的電弱理論（它是粒子物理標準模型的一部分），到各種各樣的大統一理論，以及標準模型的超對稱推廣，種類繁多、應有盡有。但迄今為止，它們各自都存在一定的缺陷，或是結果的數量級不對，或是求解的困難度太大、或是過於特設、或是過於任意，尚無一個令人滿意。不過儘管如此，現代物理為正反物質的不對稱找到一個合理解釋的前景看來是並不悲觀的。

結語

我們有關反物質的介紹到這裡就要結束了，雖然自人類發現反粒子迄今已有大半個世紀，但在理解物質與反物質的關係上還存在許多待解之謎。除了宇宙學尺度上正反物質的不對稱外，在微觀尺度上正反粒子也存在著令人困惑的不對稱。物理學家們曾經認為，如果我們把一個微觀物理過程中的所有粒子都替換成相應的反粒子，並且透過一面鏡子去看它，那麼我們所看到的新過程將與原過程有著相同的發生機率。這種對稱性就是我們介紹沙卡洛夫條件時提到的 CP 對稱性。由於這種對稱性，反物質有時也被稱為鏡像物質。但令人困惑的是，這一對稱性既非完全成立，也非完全不成立，而是非常接近成立 ⑥。大自然為什麼要讓這面特殊的鏡子如此接近完美卻又不讓它真正完美呢？我們不知道。

反物質是宇宙中的稀客，但這稀客是從相對意義上講的，宇宙中反物質的絕對數量依然是極其龐大的，足以為科幻小說留下巨大的馳騁空間，這是值得慶幸的。只不過，反物質星球的存在看來是極不可能的，因為沒有任何天然的物理過程能夠讓反物質有效地匯集起來，並在這一過程中免遭普通物質的「致命騷擾」。而反物質生物的存在則比反物質星球更加不可能得多，因為即便存在反物質星球，在那種星球上要想演化出生物來也是難以想像的。我們知道，即便在距離太陽系的形成已有約 50 億年、太陽系空間已相當「乾淨」的今天，地球每天仍會受到上千萬次的隕石撞擊（這些隕石絕大多數在大氣層中燒毀，只有少數落到地上，因此我們不必擔心它們會恰好砸在我們頭上），這些隕石的總質量約有幾噸。這樣的質量相對於龐大的地球來說無疑是微乎其微的，但同樣的情形如果發生在一顆反物質星球上，那麼這幾噸的隕石（普通物質）與星球上的反物質湮滅所釋放的能量將相當於上百萬顆廣島原子彈爆炸所釋放的能量 ⑦。要在一個每天被上百萬顆原子彈轟擊的星球上產生生物，這恐怕是最高級的想像力也難以勝任的。

因此，如果有朝一日我們與某種外星球的高等生物建立了聯繫，我們可以大大方方地伸出手去和他們相握（如果握手對他們來說也代表友善的話），而不必擔心大家會在這樣的親密接觸中相互湮滅 ⑧。

2007 年 5 月 4 日寫於紐約
2014 年 10 月 23 日最新修訂

註釋

① 比狄拉克稍早，瑞典物理學家克萊因（Oskar Klein）、德國物理學家戈登（Walter Gordon）及奧地利物理學家薛丁格（Erwin Schrödinger）也提出了一個試圖融合量子力學與相對論要求的方程式：克萊因 – 戈登方程式（Klein-

Gordon equation）。但克萊因－戈登方程式具有一些當時看來比狄拉克方程式更令人不易接受的特徵，延後了它被真正重視的時間。

② 其實在古典相對論力學中也存在負能量狀態，但在古典情況下我們可以摒棄負能量狀態而不用擔心它們對正能量狀態產生影響，因為這兩者之間存在一個非零的間隙（請讀者想一想，對電子來說這一間隙有多大），而古典的物理過程都是連續的，從而不可能跨越這一間隙。

③ 正反粒子的湮滅產物可以是多種多樣的。一般來說，參與湮滅的正反粒子的質量越大、能量越高，湮滅產物的種類通常就越多，在低能湮滅——尤其是輕粒子的低能湮滅——過程中，則有很大的機率產生光子對。

④ 在雲室中比較同一種帶電粒子的速度快慢是十分容易的，因為速度慢的粒子比速度快的粒子更容易被磁場所偏轉，因此通過比較粒子徑跡的偏轉幅度——確切說是曲率——就可以比較出它們的速度快慢。

⑤ 值得一提的是，當時和安德森一同在加州理工大學跟隨密立根從事實驗物理研究的中國物理學家趙忠堯早在 1929 年至 1930 年間，就在研究硬 γ 射線穿越物質時，觀測到了後來被證實為是源於正負電子對的產生的反常吸收效應，以及源於正負電子對的湮滅的特殊輻射——雖然這些實驗並未直接觀測正電子。

⑥ 在 1957 年以前，物理學家們想當然地認為所有這類離散對稱性都是嚴格的，直到 1957 年宇稱對稱性倒下之後，才開始對離散對稱性進行區分，但它們大都像多米諾骨牌似地也倒下了。CP 是倒得比較慢的一個，前後也只經過了 7 年。

⑦ 有讀者可能會問：為什麼不乾脆假定那些隕石也是反物質？從純粹假定的角度上講，自然是可以的，但我們的討論有一個前提，那就是承認我們這個宇宙——如目前的理論與觀測所表明的——是一個物質為主的宇宙。在這樣的宇宙中，越是大尺度的反物質分布就越不可能。因此我們對反物質出現的尺度只做最低限度的假定。

⑧ 不過，如果我們真的擔心他們有可能是反物質構成的，也有辦法在見面之前加以確認，確認的方法就是利用剛剛提到過的微觀世界正反粒子之間的不對稱性。李政道在其教材《Particle Physics and Introduction to Field Theory》（科學出版社出過中文版：《粒子物理和場論簡引》）的第 9. 2 節中對這一問題作了饒有趣味的論述，感興趣的讀者可以參閱。

從伽利略船艙到光子馬拉松①

從相對性原理到相對論

繪畫｜張京

現代人都知道，我們腳下的大地並不是靜止不動的。事實上，在讀者們閱讀本文標題的短短一秒鐘的時間裡，我們腳下的大地已隨著地球的自轉移動了幾百米（除非你很靠近兩極），隨著地球繞太陽的公轉移動了約 30 公里，隨著太陽系繞銀河系中心的公轉移動了約 220 公里。而我們的銀河系也沒閒著，它相對於所謂的宇宙微波背景輻射參考系移動了約 550 公里 ②。這些運動大多數比火箭還快得多，人們卻在很長的時間裡一無所知，這是為什麼呢？這個問題是我們的前輩在接受地球運動這一觀念時面臨的一大困擾，也是近代科學的一個啟蒙性的問題。

近代科學的先驅者之一，義大利物理學家伽利略（Galileo Galilei）在名著《關於兩大世界體系的對話》（Dialogue Concerning the Two Chief World Systems）中對這一問題作了精彩的分析。伽利略注意到，地球運動的觀念初看起來有違經驗，其實卻不然。相反，我們的經驗表明，在一間封閉的船艙裡，哪怕船在運動，只要運動得足夠均勻，我們就無法發現它與處於靜止時的任何區別。如果我們扔一塊石頭，往船頭和船尾可以扔得一樣遠；如果我們觀察一隻小鳥的飛翔，它往哪個方向飛也都一樣輕鬆。

我們現在知道，伽利略所注意到並歸納出的這一結果——即在所有等速運動的參考系中，自然現象由相同的規律所支配——是一條非常重要的物理學原理：相對性原理（principle of relativity）。不過在伽利略之後兩百多年的時間裡，物理學的發展雖然迅速，相對性原理卻不曾有機會展示它的真正威力。

但是到了 19 世紀末，情況有了變化。那時候，物理學家們遇到了一個惱人的問題，那就是當時最成熟的兩類物理學規律——力學和電磁學規律——似乎不能同時滿足相對性原理。或者換句話說，如果力學規律滿足相對性原理，那麼電磁學規律就不滿足相對性原理，反過來也一樣。這個「魚和熊掌」的局面令人深感為難，考慮到力學規律滿足相對性原理是自伽利略以來就被牢固確立的事情，物理學家們大都決定捨電磁學而取力學。但問題是：捨電磁學意味著電磁學規律不滿足相對性原理，從而也就意味著我們能通過在伽利略船艙裡做某些電磁學實驗，來分辨輪船的運動。

情況果真如此嗎？

還別說，物理學家們真的做了那樣的實驗，他們選擇了一條很特殊的大船：地球。毫無疑問，這是一條運動的大船，這一點在 19 世紀末已是凡地球人都知道的常識了。物理學家們所做的實驗是什麼呢？是一個測定電磁波速度的實驗。如果電磁學規律不滿足相對性原理，那麼電磁波沿不同方向的傳播速度就會不一樣——除非地球恰好是靜止的。實驗的結果是什麼呢？讓人大跌眼鏡，地球竟然真的是靜止的！這下麻煩大了，難道兜了幾個世紀的大圈子，我們又要重回地心說的年代？

幸運的是，這時有位名叫愛因斯坦（Albert Einstein）的專利局職員及時作出了一個相反的選擇：捨力學而取電磁學。這樣一來，所有證明地球靜止的電磁學實驗就都不再有效，比方說測定電磁波速度的實驗就會像在伽利略船艙中扔石頭一樣的無效。而我們——謝天謝地——也就不必重回地心說的年代了。但問題是：既然捨了力學，那力學規律該怎麼辦？愛因斯坦的回答很簡單，那就是「削足適履」。既然力學規律這只腳放不進與電磁學規律相一致的相對性原理那只鞋，那就修改力學規律。

修改力學規律的結果是導致了一些很新奇的結果，比方說物體的質量原本被認為是常數，修改之後卻變成與相對運動有關的了。愛因斯坦的這一回答實際上是把相對性原理提升為了一條比像力學、電磁學那樣具體領域的物理理論都更基本的原理，由此建立的理論就是所謂的相對論（theory of relativity）。相對論在更廣闊的背景下再次確立了伽利略的觀察，即在伽利略船艙中所做的任何實驗或觀測，都不可能分辨輪船的運動。

在此後一個多世紀的時間裡，得到無數實驗驗證的相對論成為了現代物理學最堅實的基石之一。我們描述基本粒子的理論被稱為相對論量子場論（relativistic quantum field theory），我們描述宇宙的理論被稱為廣義相對論（general theory of relativity）③，我們描述日常現象的力學、電磁學等也全都滿足相對論的要求。而當年的專利局職員則成為了有史以來最偉大的科學家之一。

一切似已塵埃落定。

但是，物理學家們註定是一群不安分守己的人，新的探索無論對於他們的好奇心還是職業都是必不可少的。相對論無疑是一座巍峨的高山，但物理學家們仍然要問：山的那邊還有沒有風景？

破壞相對論的思路與後果

物理學家們之所以要這樣問，當然也有具體的原因。比方說我們前面提到的兩個理論——描述基本粒子的相對論量子場論與描述宇宙的廣義相對論——雖然各自都很成功，卻迄今無法和睦共處。更糟糕的是，作為物理理論，它們又不可能做到井水不犯河水。因為在有些場合——比如在大質量、高密度的天體附近——哪怕是基本粒子之間的交互作用，也必須考慮引力的影響；又比如在宇宙大爆炸的初期，整個宇宙都處在微觀尺度上，哪怕是最宏觀的性質，也不能忽略量子效應。因此，相對論量子場論與廣義相對論必須以某種方式融合到一起，這種融合是現代物理學所面臨的最棘手的課題之一。

有意思的是，試圖將這兩個同時滿足相對論要求的理論融合到一起的努力，卻為破壞相對論的可能性開啟了思路。

其中有一種努力的途徑是認為問題的根源在於時空貌似光滑，其實卻不然。當我們探索到只有原子核的一萬億億分之一（10^{-20}）的尺度——被稱為普朗克尺度——上時，時空也許會顯示出像網格一樣的結構。這就好比一片絲綢，遠遠看去很光滑，拿到放大鏡下，卻可以看到密密層層的網格結構。如果時空真的有那樣的網格結構，那麼伽利略船艙中的人只要有足夠厲害的「放大鏡」，就有可能通過觀測時空的網格結構，來判斷輪船是否在運動，從而破壞相對論的要求。

另一種努力的途徑則是認為，時空中有可能存在一種被稱為「背景場」的東西。這種東西不是由物質產生的，卻能對物質施加影響（用物理學家們的術語來說，這是一種非動力學場），而且這種影響在不同位置、不同時刻，甚至對不同觀測者都有可能是不一樣的。如果說時空網格像一片絲綢，那麼這種背景場就像一種流體——比如水。在水中，即便我們無法像觀察絲綢網格那樣觀察水分子，也依然可以判斷物體的運動，因為我們可以觀察水對物體的阻力。如果時空中真的存在那樣的背景場，那麼伽利略船艙中的人就可以通過觀察它對普通物體的作用來判斷輪船是否在運動，這同樣破壞相對論的要求。

上面這些思路並非單純的幻想，而是多少有一些物理上的緣由，甚至是某些理論模型的推論。比如時空的網格結構與一種被稱為「迴圈量子重力」（loop quantum gravity）的理論不無淵源，而背景場的思路則可以從所謂的「超弦理論」（superstring theory）中獲得某種支持 ④。

破壞相對論這個潘朵拉盒子一經打開，其他可能性也就應運而生了。比如有一種思路是這樣的：將現實世界的物質全都扔掉，直接對相對論的數學結構開刀，由此可以得到一種被稱為「雙重狹義相對論」（doubly special relativity，DSR）的理論。這是一種很大膽的思路，可惜的是，迄今還沒人知道如何將被扔掉的物質重新放回到理論中去，因此這種思路的物理意義起碼在目前還是成問題的 ⑤。不過在一個連相對論都被懷疑的研究方向上，誰又敢說這種思路一定就沒有可能呢？歷史上純粹源自數學考慮，卻最終獲得物理意義的例子畢竟還是有的，因此這樣的思路也有一些人在研究。

看來破壞相對論的思路不僅有，而且還不止一條。

既然如此，那就讓我們姑且假定相對論果真被破壞了。接下來的一個很重要的問題是：這種破壞會有什麼後果？對這個問題的具體答案顯然跟破壞相對論的具體方式有關，不過，由於破壞相對論的思路大都與時空的結構有關，而時空是重力的泉源，因此我們可以預期，破壞相對論的後果之一，就是使重力發生變化。

比方說，如果破壞相對論的肇事者是背景場，就有可能對重力產生影響。我們在前面提到過，背景場能對物質施加影響，這種影響的可能體現方式之一就是對重力的修正。而且這種修正在不同位置、不同時刻可以是不同的——或者用一些科普報導所用的比喻來說，是蘋果在不同季節的掉落快慢有可能是不同的。

除了蘋果的掉落快慢有可能不同這樣的「家常」後果外，破壞相對論還可能造成一些更嚴重的後果。比方說，相對論中有一條很基本的原理，叫做光速不變原理 ⑥，它表明光速是一個普適的極限速度。在很多破壞相對論的理論中，這條原理不再成立，不同的粒子可以有不同的極限速度。初看起來，這似乎沒什麼大不了，但是有科學家研究後發現，利用這一結果可以在黑洞附近讓熱量自發地從低溫物體傳向高溫物體 ⑦。這是一個令人吃驚的結果，因為在自然界中，熱量的自發傳輸一向是從高溫物體傳向低溫物體，而不能相反。這是一條很重要的物理學原理，叫做熱力學第二定律，違反這一原理的物理過程被稱為第二類永動機，它與違反能量守恆定律的第一類永動機一樣，被認為是不可能實現的。

因此，破壞相對論的後果很可能是牽一發動全身的，它所引發多米諾骨牌效應，很可能導致其他一些很重要的物理學原理也被破壞。這其實是可以預期的，因為物理學是一個整體，它的各個分支之間有著千絲萬縷的關聯，它的基礎並不是一系列孤立假設的集合，我們很難在破壞像相對論那樣的重要部分時不影響到其他部分。

光子的馬拉松——破壞相對論的證據？

以上我們介紹了很多理論上的東西，在物理學上，再雄辯的理論也離不開觀測與實驗的評判。對於相對論的破壞來說，它即便存在也極其微弱，我們該如何去尋找觀測與實驗的評判呢？在當前的條件下，比較有希望的探索方向主要有兩類。

一類是探索微觀世界的對稱性破缺。這類探索有一段不短的歷史。在 1957 年以前，人們曾經以為微觀世界充滿了對稱性，其中很重要的一條是說微觀世界的規律可以通過一面鏡子去看而不被改變——這被稱為宇稱 （parity）對稱性。可惜這一對稱性在 1957 年被證實是破缺的——確切地說是在所謂弱交互作用中是破缺的。不過這一對稱性還可以加強，比如在通過鏡子去看的同時把粒子與反粒子對換，可惜就連這種加強版的對稱性在 1964 也被證實是破缺的——也是在所謂弱交互作用中破缺。

但這一對稱性還有一個終極加強版，那就是在通過鏡子去看的同時，不僅把粒子與反粒子對換，而且讓時間倒流。一些理論研究表明，在某些合理的條件下，這種終極加強版的對稱性與相對論幾乎是「一條繩上的兩隻螞蚱」，一旦前者遭到破壞，後者也難以獨善其身 ⑧。按照這一結果，只要我們能在微觀世界裡找到任何確鑿的現象破壞這種終極加強版的對稱性——比如發現任何一個基本粒子的質量、自旋、電荷、衰變方式等性質與反粒子不嚴格對應——就相當於間接證實了相對論的破壞。這方面的實驗資料可以說是天天都在積累（雖然目的大都不是為了證實相對論的破壞），但迄今尚無任何證據顯示相對論被破壞。

另一類探索在思路上更為直接。我們剛才提到過，在很多破壞相對論的理論中，光速不變原理不再成立。由此導致的結果，是不同的粒子可以有不同的極限速度。但除此之外，它往往還意味著不同能量的光子在真空中的傳播速度彼此不同——這被稱為真空色散（vacuum dispersion）。利用這一特點，我們可以讓不同能量的光子進行跑步比賽，來觀察它們的速度是否不同，進而判斷相對論是否被破壞 ⑨。不過由於光子的速度實在太快，彼此的速度差異又即便有也極其細微，要想分出勝負，比賽必須是馬拉松，而賽場只能是星空。

2005 年夏天，天文學家們終於觀察到了這樣一次馬拉松，一群高能光子從一個編號為「馬克仁 501」（Markarian 501）的遙遠活動星系核出發，經過 5 億年的漫長旅程，抵達了地球。這群光子是一次伽馬射線閃焰（gamma ray flare）的產物，它們的抵達被位於西班牙西南加那利群島（Canary islands）上的「大氣伽馬射線契忍可夫成像望遠鏡」（major atmospheric gamma-ray imaging Cherenkov telescope，MAGIC）所記錄。在記錄中令科學界感到震驚的是，能量在 1. 2 ～ 10TeV 之間的高能光子的到達時間比能量在 0. 25 ～ 0. 6TeV 之間的低能光子晚了約 4 分鐘，這與某些破壞相對論的理論所預期的大致相符。

那麼，我們是不是可以就此宣布相對論被破壞了呢？不能。因為我們對這場 5 億年前就起跑的馬拉松知道得還太少，高能光子的到達時間雖然晚了 4 分鐘，但它的起跑是否也晚了呢？我們卻一無所知。

而更有意思的是，2009 年，科學家們通過翱翔在外太空的「費米伽馬射線太空望遠鏡」（Fermi gamma-ray space telescope，FGST）又觀測到了一次光子馬拉松（圖 6）。參加這次馬拉松的光子來自一次伽馬射線暴（gamma ray burst），它的威力比產生前一次馬拉松的伽馬射線閃焰還要巨大得多，距離也更遙遠得多（紅移值約為 0. 9）。那些光子經過了數量級為百億年的漫長跋涉才抵達地球，這幾乎是我們這個宇宙所能提供的最長賽程。這賽程是如此之長，以至於在這次馬拉松起跑的時候，不僅我們不存在，就連我們腳下這顆藍色星球都尚未形成！與上次不同的是，這次馬拉松的結果是高能光子（能量約為 31GeV）與低能光子（能量在 10keV 以下）幾乎同時到達終點（時間差在幾十毫秒到幾秒之間，幾乎可以忽略），從而不僅沒有破壞相對論，反而幾乎給所有破壞相對論的理論下達了死亡通知書⑩。

圖 6　費米伽馬射線太空望遠鏡

兩次光子馬拉松，一對彼此相反的結果，我們究竟該相信什麼呢？答案恐怕是：什麼都先別相信，去尋找更多的證據。著名的美國行星天文學家薩根（Carl

Sagan）有一句名言：超常的主張需要超常的證據（extraordinary claims require extraordinary evidence）⑪。在相對論所具有的龐大的證據鏈面前，破壞相對論的理論無疑是超常的主張，但那兩次光子馬拉松卻絕非超常的證據（更不用說它們還彼此矛盾），對所有有志於這一領域的研究者來說，探索的路還很漫長。

2009 年 9 月 25 日寫於紐約
2014 年 11 月 9 日最新修訂

註釋

① 本文是應《科學畫報》約稿而寫的關於破壞相對論的可能性的科普，原本有幾段文字針對的是編輯指定的《新科學家》（New Scientist）雜誌所報導的一個新理論，但由於該理論在所介紹的領域內並無特殊重要性，修訂時我刪去了與該理論有關的內容，使本文成為了一般性的介紹。

② 由於這些運動的方向各不相同，因此地球相對於宇宙微波背景輻射參考系的運動並不是上述數字的簡單相加，而必須考慮方向的因素。觀測表明，太陽系相對於宇宙微波背景輻射參考系的運動速度約為每秒 370 公里。（請讀者想一想，我們為什麼不給出地球的運動速度？）

③ 在廣義相對論的每個時空點附近足夠小的區域內，都可以找到特殊的參考系，在其中物理規律與在等速運動的參考系中一樣，這就好比光滑曲面上每個點附近足夠小的區域都很接近平面一樣。

④ 超弦理論本身是符合相對論要求的——確切地說是具有勞侖茲對稱性（Lorentz symmetry）的，超弦理論中的相對論破壞（確切地說是指破壞勞侖茲對稱性）是以自發性對稱破缺的形式出現的。

⑤ 具體地說，雙重狹義相對論是通過對動量空間中的龐加萊代數（Poincaré algebra） 進行修改而來的，因此有時也被稱為變形狹義相對論（deformed special relativity，縮寫洽好仍是 DSR）。雙重狹義相對論除了像狹義相對論

一樣存在一個不變速度外，還存在一個不變動量（名稱中的「雙重」一詞便由此而來）。雙重狹義相對論的部分特點可以在某些非對易幾何模型中找到淵源（但也只是數學淵源），另有些人則希望（目前還只是奢望）它能與迴圈量子重力建立聯繫。但迄今為止，該理論只有運動學，而無動力學，甚至連自洽性都尚待澄清。

⑥ 這條原理是讓電磁學規律滿足相對性原理的必然推論。

⑦ 這是 2006 年俄羅斯科學院核子研究所（Institute for Nuclear Research of the Russian Academy of Sciences）的兩位物理學家在《物理快報》（Physics Letters）上發表的一個結果。他們的大致思路是這樣的：不同的粒子具有不同的速度上限意味著黑洞輻射中不同的粒子會有不同的輻射溫度。假定粒子 B 的輻射溫度高於粒子 A，我們在黑洞外面構築兩個殼層，殼層 A 只能發射和吸收粒子 A，殼層 B 只能發射和吸收粒子 B，我們選擇殼層的溫度使得（粒子 B 的輻射溫度）＞（殼層 B 的溫度）＞（殼層 A 的溫度）＞（粒子 A 的輻射溫度）。在這樣的安排下，殼層 A 會通過粒子 A 將熱量傳給黑洞，而黑洞又會通過粒子 B 將熱量傳給殼層 B，淨效果是殼層 A 將熱量傳給殼層 B，即熱量自發地從低溫物體傳往了高溫物體。

⑧ 但反過來則不然，即相對論的破壞不一定意味著那種終極加強版的對稱性——即所謂的 CPT 對稱性——的破壞。因此嚴格地講，它們並不完全是「一條繩上的兩隻螞蚱」。

⑨ 確切地講，不同能量的光子具有相同速度可以推翻許多破壞相對論的理論，但相反的結果，即不同能量的光子具有不同速度，卻並不能直接證實相對論的破壞，因為相對論所要求的只是存在一個不變速度，這個速度不一定非得是光子的速度，甚至不一定非得有任何粒子具有這一不變速度。

⑩ 因為如果這次光子馬拉松的結果可信，那麼破壞相對論的效應將會細微到不自然的程度，比方說對於最簡單的真空色散模型——即色散率的修正項線性正比於能量的模型——來說，破壞相對論的尺度將會比所謂的「普朗克尺度」（Planck scale）還高得多。

⑪ 薩根的這一表述具有較大的公眾影響，不過他並不是最早提出這類原則的人，早在兩百多年前，法國數學家拉普拉斯（Pierre-Simon Laplace）就曾說過：「支持一個超常主張的證據分量必須正比於主張的奇異程度。」

質量的起源①

引言

繪畫｜張京

物理學是一門試圖在最基本的層次上理解自然的古老科學，它的早期曾經是哲學的一部分。在那個時期，物理學所關心的是一些有關世界本原的問題。那些問題看似樸素，卻極為困難。在後來的漫長歲月裡，物理學曾經一次次地回到那些問題上來，就像遠行的水手一次次地回望燈塔。

「質量的起源」便是一個有關世界本原的問題。

宇宙物質的組成

我們首先來界定一下所要討論的質量究竟是什麼東西的質量。這在以前是不言而喻的，現在的情況卻有了變化，因此有必要加以界定。眾所周知，過去十年裡觀測宇宙學所取得的一個令人矚目的成就，就是以較高的精度測定了宇宙物質的組成，從而使我們在宇宙學的歷史上第一次可以談論所謂的「精密宇宙學」（precision cosmology）。

按照這種「精密宇宙學」為我們繪出的圖景，在宇宙目前的能量密度中暗能量（dark energy）約占 68%，暗物質（dark matter）約占 27%，而我們熟悉的所謂「可見物質」（visible matter）或「普通物質」（ordinary matter）只占可憐兮兮的 5%。在這些組成部分中，對暗能量與暗物質的研究目前還處於很初級的階段，尚未建立起足夠具體且有實驗基礎的理論。因此本文對之不做討論。

除去了暗能量與暗物質，剩下的就是可見物質了。可見物質在宇宙能量密度中所占的比例雖小，卻是我們所熟知的物質世界的主體。可觀測宇宙中數以千億計的星系，每個星系中數以千億計的恆星，以及某個不起眼的恆星附近第三顆行星上數十億的靈長類生物，全都包含在了這小小的 5%的可見物質之中 ②。

本文要討論的便是這可見物質。

與「暗」字打頭的其餘 95%的能量密度相比，我們對可見物質的研究與瞭解無疑要深入得多。今天幾乎每一位中學生都知道，這部分物質主要是由質子、中子、電子等粒子組成的。因此很明顯，要討論質量的起源，歸根到底是要討論這些粒子的質量起源。

從機械觀到電磁觀

對幾乎所有受過現代教育的人來說，最早接觸質量這一物理概念都是在牛頓力學中。在牛頓力學中，質量是決定物體慣性和引力的基本物理量，是一個不可約（irreducible）的概念。我們知道，在大約兩百年的時間裡，牛頓力學被認為是描述物理世界的基本框架，這就是所謂的機械觀（mechanical worldview）。在那段時間裡，物理學家們曾經試圖把物理學的各個分支盡可能地約化為力學。很顯然，在那樣一個以機械觀為主導的時期裡，質量既然是力學中的不可約概念，自然也就成為了整個物理學中的不可約概念。不可約概念顧名思義，就是不需要也不能夠約化為更基本的概念的，因此有關質量起源的研究在那個時期是基本不存在的 ③。

但是到了 19 世紀末的時候，試圖把物理學的各個分支約化為力學的努力遭到了很大的挫折。這種挫折首先來自於電磁理論。大家知道，電磁理論預言了電磁波。按照機械觀，波的傳播必然有相應的介質。但電磁波是在什麼介質中傳播的呢？卻是誰也不知道。儘管如此，物理學家們還是按照機械觀的思路假設了這種介質的存在，並稱之為「乙太」（aether）。但不幸的是，所有試圖為乙太構築機械模型的努力全都在實驗面前遭遇了滑鐵盧。在那段最終催生了狹義相對論的物理學陣痛期裡，許多物理學家艱難地試圖調和著實驗與機械乙太模型之間的矛盾。但與那些挽救機械觀的努力同時，一種與機械觀截然相反的思路也萌發了起來，那便是電磁觀（electromagnetic worldview）。電磁觀的思路是：物理學上並沒有什麼先驗的理由要求我們用力學的框架來描述自然，機械觀的產生只不過是因為力學在很長一個時期裡是發展最為成熟的物理學分支而已，現在電磁理論也發展到了不亞於力學的成熟程度，既然無法把電磁理論約化為力學，那何不反過來把力學約化為電磁理論呢？

要想把力學約化為電磁理論，一個很關鍵的步驟就是把力學中的不可約概念——質量——約化為電磁概念，這是物理學家們研究質量起源的第一種定量嘗試。由於當時對物質的微觀結構還知之甚少，1897 年由湯姆森（Joseph John Thomson, 1856-1940 年）所發現的電子是當時所知的唯一的基本粒子，因此將質量約化為電磁概念的努力就集中體現在了對電子的研究上，由此產生了物理史上曇花一現的古典電子論（classical electron theory）。

古典電子論

古典電子論最著名的人物是荷蘭物理學家勞侖茲（Hendrik Lorentz, 1853-1928 年），他是一位古典物理學的大師。在相對論誕生之前的那幾年裡，勞侖茲雖已年屆半百，卻依然才思敏捷。1904 年，勞侖茲發表了一篇題為〈任意亞光速運動系統中的電磁現象〉（Electromagnetic Phenomena in a System Moving with Any Velocity Less than that of Light）的文章。在這篇文章中他運用自己此前幾年在研究運動系統的電磁理論時所提出的包括長度收縮（length contraction）、局域時間（local time）在內的一系列假設，計算了具有均勻面電荷分布的運動電子的電磁動量，由此得到電子的橫質量 m_T 與縱質量 m_L 分別為（這裡用的是高斯單位制）④：

$$m_{\mathrm{T}}=\frac{2}{3}\frac{e^2}{Rc^2}\gamma\,,\ m_{\mathrm{L}}=\frac{2}{3}\frac{e^2}{Rc^2}\gamma^3$$

其中 e 為電子的電荷，R 為電子在靜止參考系中的半徑，c 為光速，$\gamma=(1-v^2/c^2)^{-1/2}$。撇開係數不論，勞侖茲這兩個結果所包含的質量與速度的關係與後來的狹義相對論完全相同。

但勞侖茲的文章剛一發表就遭到了古典電子論的另一位主要人物亞伯拉罕（Max Abraham，1875-1922 年）的批評。亞伯拉罕指出，質量除了像勞侖茲那樣通過動量來定義，還應該可以通過能量來定義。比方說縱質量可以定義為 $m_L=(1/v)\,(dE/dv)$ ⑤。但簡單的計算表明，用這種方法得到的質量與勞侖茲的結果完全不同。

這說明勞侖茲的電子論是有缺陷的。那麼缺陷在哪裡呢？亞伯拉罕認為是勞侖茲的計算忽略了為平衡電子內部各電荷元之間的相互排斥所必需的張力。沒有那樣的張力，勞侖茲的電子會在各電荷元的相互排斥下土崩瓦解 ⑥。除亞伯拉罕外，另一位古典物理學大師龐加萊（Henri Poincaré, 1854-1912 年）也注意到了勞侖茲電子論的這一問題。龐加萊與勞侖茲是愛因斯坦之前在定量結果上最接近狹義相對論的物理學家。不過比較而言，勞侖茲的工作更為直接，為了調和乙太理論與實驗的矛盾，他提出了許多具體的假設，而龐加萊往往是在從美學與哲學角度審視勞侖茲及其他人的工作時對那些工作進行修飾及完善。這也很符合這兩人的特點，勞侖茲是一位第一流的工作型物理學家（working physicist），而龐加萊既是第一流的數學及物理學家，又是第一流的科學哲學家。在 1904 年至 1906 年間，龐加萊親自對勞侖茲電子論進行了研究，並定量地引進了為維持電荷平衡所需的張力，這種張力因此而被稱為龐加萊張力（Poincaré stress）。在龐加萊工作的基礎上，1911 年，即在愛因斯坦與閔考斯基（Hermann Minkowski, 1864-1909 年）建立了狹義相對論的數學框架之後，德國物理學家馮・勞厄（Max von Laue, 1879-1960 年）證明了帶有龐加萊張力的電子的能量－動量具有正確的勞侖茲變換規律。

下面我們用現代語言來簡單敘述一下古典電子論有關電子結構的這些主要結果。按照狹義相對論中最常用的約定，我們引進兩個慣性參考系：S 與 S'，S' 相對於 S 沿 x 軸以速度 v 運動。假定電子在 S 系中靜止，則在 S' 系中電子的動量為

$$p'^{\mu} = \int_{t'=0} T'^{0\mu}(x'^{\xi})d^3x' = L^0_{\alpha}L^{\mu}_{\beta}\int T^{\alpha\beta}(x^{\xi})d^3x'$$

其中 T 為電子的總能量－動量張量，L 為勞侖茲變換矩陣。由於 S 系中 $T^{\alpha\beta}$ 與 t 無關，考慮到

$$\int T^{\alpha\beta}(x^{\xi})d^3x' = \int T^{\alpha\beta}(\gamma x', y', z')d^3x' = \gamma^{-1}\int T^{\alpha\beta}(x^{\xi})d^3x$$

上式可改寫為

$$p'^{\mu} = \gamma^{-1}L^0_{\alpha}L^0_{\beta}\int T^{\alpha\beta}(x^{\xi})d^3x$$

由此得到電子的能量與動量分別為（有興趣的讀者可試著自行證明一下）

$$E = p'^0 = \gamma m + \gamma^{-1}L^0_iL^0_j\int T^{ij}(x^{\xi})d^3x$$
$$p = p'^1 = \gamma vm + \gamma^{-1}L^0_iL^1_j\int T^{ij}(x^{\xi})d^3x$$

這裡 i, j 的取值範圍為空間指標 1, 2, 3，$m = \int T^{00}\left(x^{\xi}\right)d^3x$，為了簡化結果，我們取 $c = 1$。顯然，由這兩個式子的第一項所給出的能量－動量是狹義相對論所需要的，而勞侖茲電子論的問題就在於當 $T^{\mu\nu}$ 只包含純電磁能量－動量張量 $T^{\mu\nu}_{EM}$ 時這兩個式子的第二項非零⑦。

那麼龐加萊張力為什麼能避免勞侖茲電子論的這一問題呢？關鍵在於引進龐加萊張力後電子才成為一個滿足力密度 $f^{\mu} = \partial_{\nu}T^{\mu\nu} = 0$ 的孤立平衡體系。在電子靜止系 S 中 $T^{\mu\nu}$ 不含時間，因此 $\partial_jT^{ij} = 0$。由此可

以得到一個很有用的關係式（請讀者自行證明）：$\partial_k(T^{ik}x^j)=T^{ij}$。對這個式子做體積分，注意到左邊的積分為零，便可得到

$$\int T^{ij}(x^{\xi})d^3x=0$$

這個結果被稱為馮・勞厄定理（von Laue's theorem），它表明我們上面給出的電子能量－動量表示式中的第二項為零。因此龐加萊張力的引進非常漂亮地保證了電子能量－動量的協變性。

至此，經過勞侖茲、龐加萊、馮・勞厄等人的工作，古典電子論似乎達到了一個頗為優美的境界，既維持了電子的穩定性，又滿足了能量－動量的協變性。但事實上，在這一系列工作完成時古典電子論對電子結構的描述已經處在了一個看似完善，實則沒落的境地。這其中的一個原因便是那個「非常漂亮地」保證了電子能量－動量協變性的龐加萊張力。這個張力究竟是什麼？我們幾乎一無所知。更糟糕的是，若真的完全一無所知倒也罷了，我們卻偏偏還知道一點，那就是龐加萊張力必須是非電磁起源的（因為它的作用是抗衡電磁交互作用），而這恰恰是對電磁觀的一個沉重打擊。

就這樣，試圖把質量約化為純電磁概念的努力由於必須引進非電磁起源的龐加萊張力而化為了泡影。但這對於很快到來的古典電子論及電磁觀的整體沒落來說還只是一個很次要的原因。

量子電動力學

古典電子論的沒落是物理學史上最富宿命色彩的事件。這一宿命的由來是因為電子發現得太晚，而量子理論又出現得太早，這就註定了夾在其間，因 「電子」而始、逢「量子」而終的古典電子論只能有一個曇花一現的命運 ⑧。為它陪葬而終的還有建立在古典電磁理論基礎上的整個電磁觀。

量子理論對古典物理學的衝擊是全方位的，足可寫成一部壯麗的史詩。就古典電子論中有關電子結構的部分而言，對這種衝擊最簡單的啟發性描述來自於所謂的不確定性原理（uncertainty principle，又譯測不準原理）。如我們在第四節中看到的，古典電子論給出的電子質量——除去一個與電荷分布有關的數量級為 1 的因子——約為 e^2/Rc^2。由此可以很容易地估算出 $R \sim 10^{-15}$ 公尺（感興趣的讀者請自行驗證一下）。這被稱為電子的古典半徑。但是從不確定性原理的角度看，對電子的空間定位精度只能達到電子的康普頓波長 $h/mc \sim R/\alpha \sim 10^{-12}$ 公尺的量級（其中 $\alpha \approx 1/137$ 為精細結構常數），把電子視為古典電荷分布的做法只有在空間尺度遠大於這一量級的情形下才適用。由於電子的古典半徑遠遠小於這一尺度，這表明古典電子論並不適用於描述電子的結構。建立在古典電子論基礎上的電子質量計算也因此而失去了理論基礎⑨。

但是古典電子論對電子質量的計算雖然隨著量子理論的出現而喪失了理論基礎，那種計算所體現的交互作用對電子質量具有貢獻的思想卻是合理的，並在量子理論中得到了保留。這種貢獻被稱為電子自能（electron self-energy）。在量子理論基礎上對電子自能的計算最早是由瑞典物理學家沃勒（Ivar Waller，1898-1991 年）於 1930 年在單電子狄拉克理論的基礎上給出的，結果隨虛光子動量的平方而發散。1934 年奧地利裔美國物理學家韋斯科夫（Victor Weisskopf，1908-2002 年）計算了狄拉克空穴理論（hole theory）下的電子自能，結果發現其發散速度比沃勒給出的慢得多，只隨虛光子動量的對數而發散⑩。撇開當時那些計算所具有的諸多缺陷不論，韋斯科夫的這一結果在定性上是與現代量子場論一致的。

按照現代量子場論，交互作用對電子自能的貢獻可以用對電子傳播子產生貢獻的單粒子不可約圖（one-particle irreducible diagrams）來描述，其中主要部分來自由量子電動力學（Quantum Electrodynamics，QED）所描述的電磁自能，而電磁自能中最簡單的貢獻則來自於如圖 7 所示的單圈圖。幸運的是，由於量子電動力學的耦合常數在所有實驗所及的能區都很小，因此這個最簡單的單圈圖的貢獻在整個電子自能中占了主要部分⑪。

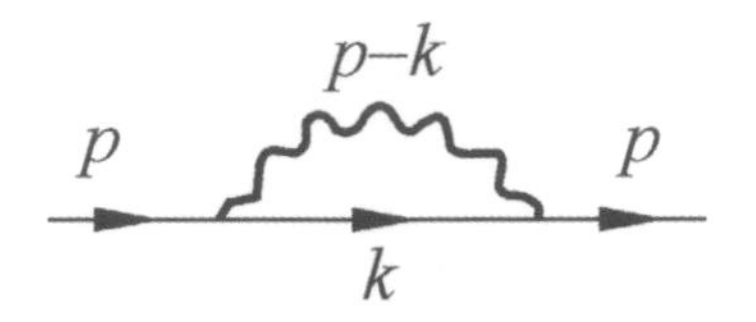

圖 7　最簡單的電子自能圖

對這一單圈圖的計算在任何一本量子場論教材中都有詳細介紹，其結果為 $\delta m \sim \alpha\, m \ln(\Lambda/m)$，其中 m 為出現在量子電動力學拉格朗日函數（Lagrangian）中的電子質量參數，被稱為裸質量（bare mass），Λ 為虛光子動量的截斷（cut-off）尺度。如果我們把量子電動力學的適用範圍無限外推，允許虛光子具有任意大的動量，則 δm 將趨於無限大，這便是自 20 世紀三、四十年代起困擾物理學界幾十年之久的量子場論發散困難的一個例子。

量子場論中的發散困難，究其根本是由所謂的點粒子模型引起的。這種發散具有相當的普遍性，不單單出現在量子場論中。將古典電子論運用於點電子模型同樣會出現發散，這一點從古典電子論的電子質量公式 $m \sim e^2/Rc^2$ 中可以清楚地看到：當電子半徑 R 趨於零時質量 m 趨於無窮。古典電子論通過引進電子的有限半徑（從而放棄點粒子模型）免除了這一發散，但伴隨而來的龐加萊張力、電荷分布等概念卻在很大程度上使電子喪失了基本粒子應有的簡單性⑫。這種簡單性雖沒有先驗的理由，但毫無疑問是人們引進基本粒子這一概念時懷有的一種美學上的期待，正如狄拉克所說：「電子太簡單，支配其結構的定律根本不應該成為問題。」古典電子論將質量約化為電磁概念的努力即便在其他方面都成功了，其意義也將由於引進電子半徑這一額外參數及龐加萊張力、電荷分布等額外假設而大為失色。從這一角度上講，量子電動力學在概念約化上比古典電子論顯得更為徹底，因為在量子電動力學的拉格朗日函數中不含有任何與基本粒子結構有關的幾何參數。基本粒子在量子場論中是以點粒子的形式出現的，雖然這並不意味著它們不具有唯象意義上的等效結構，但所有那些結構都是作為理論的結果而不是如古典電子論中那樣作為額外假設而出現的，這是除與狹義相對論及量子理論同時相容，與實驗高度相符之外，建立在點粒子模型基礎上的量子場論又一個明顯優於古典電子論的地方。

至於由此產生的發散困難，在 20 世紀 70 年代之後隨著重整化（renormalization）方法的成熟而得到了較為系統的解決。不過儘管人們對重整化方法在數學計算及物理意義的理解上都已相當成熟，發散性的出現在很多物理學家眼裡仍基本消除了傳統量子場論成為所謂「萬有理論」（theory of everything）的可能性，這是後話。

質量電磁起源的破滅

既然量子電動力學與古典電子論一樣具有電子自能，那它能否代替古典電子論實現後者沒能實現的把質量完全約化為電磁概念的夢想呢？很可惜，答案是否定的。

這可以從兩方面看出來。

首先，從 $\delta m \propto \alpha m \ln(\Lambda/m)$ 中可以看到，由電磁自能產生的質量修正 δm 與裸質量 m 的比值為 $\alpha \ln(\Lambda/m)$。由於 $\alpha \approx 1/137$ 是一個比較小的數目，$\ln(\Lambda/m)$ 又是一個增長極其緩慢的函數，因此對於任何普朗克尺度以下的截斷，$\alpha \ln(\Lambda/m)$ 都是一個比較小的數目（特別是，這一數目小於 1）。這意味著由電磁自能產生的質量修正是比較小的——比裸質量更小 ⑬。

另一方面，即便我們一廂情願地把量子電動力學的適用範圍延伸到比普朗克尺度還高得多的能區，從而使 δm 變得很大，把質量完全約化為電磁概念的夢想依然無法實現。因為電子的電磁自能還有一個很要命的特點，那就是 $\delta m \propto m$。這表明，無論把截斷尺度取得多大，如果裸質量為零，電子的電磁自能也將為零。因此，為了解釋電子質量，裸質量不能為零，而裸質量作為量子電動力學拉格朗日函數中的參數，在量子電動力學的範圍之內是無法約化的，從而終結了在量子電動力學中把質量完全約化為電磁概念的夢想。

有的讀者可能會問：電磁自能既然是由電磁交互作用引起的，理應只與電荷有關，為什麼卻會正比於裸質量呢？這其中的奧妙在於對稱性。量子電動力學的拉格朗日函數：

$$L = -\frac{1}{4}F^{\mu\nu}F_{\mu\nu} + \overline{\phi}(i\gamma^{\mu}\partial_{\mu} - m)\phi - e\overline{\phi}\gamma^{\mu}A_{\mu}\phi$$

在 $m = 0$ 時具有一種額外的對稱性，即在 $\phi \to e^{i\alpha\gamma^5}\phi$ 下不變（請有興趣的讀者自行證明）。這種對稱性被稱為手徵對稱性（chiral symmetry），它表明在 $m = 0$ 的情形下電子的左右手徵態：

$$\phi_L = \frac{1-\gamma^5}{2}\phi, \quad \phi_R = \frac{1+\gamma^5}{2}\phi$$

不會互相耦合。另一方面，（讀者可以很容易地證明）電子的質量項

$$m\overline{\phi}\phi = m\overline{\phi}_L\phi_R + m\overline{\phi}_R\phi_L$$

卻是一個電子左右手徵態相互耦合，從而破壞手徵對稱性的項。這樣的項在電子的裸質量不存在——從而量子電動力學的拉格朗日函數具有手徵對稱性——的情況下將被手徵對稱性所禁止，不可能出現在任何微擾修正中。因此 $\delta m \propto m\ln(\Lambda/m)$ 這一結果的出現是很自然的 ⑭。

至此我們看到，試圖把質量完全歸因於電磁交互作用的想法在量子理論中徹底地破滅了。電磁質量即便在像電子這樣質量最小——從某種意義上講也最為純粹——的帶電粒子的質量中也只占一個不大的比例，在其他粒子——尤其是那些不帶電荷的基本粒子——中就更甭提了。

很顯然，質量的主要來源必須到別處去尋找。

自發性對稱破缺

質量的電磁起源破滅後，質量起源問題沉寂了很長一段時間。但物理學本身的前進步伐並未因此而停頓。物理學家們手頭有大量的觀測數據需要分析和解釋，同時理論體系本身也有大量的問題極待解決。對現代物理學的發展來說，這些具體或細節問題是遠比解決像質量起源那樣的本原問題更重要的動力。另一方面，現代物理學在研究這些具體或細節問題中逐漸積累起來的智慧與洞見，又常常會為更深入地探求本原問題提供新的思路。這是現代物理學的卓越之處，也是它沒有像那些只注重於深奧的本原問題，卻對細節不屑一顧的其他嘗試那樣流於膚淺的重要原因。

物理學再次回到質量起源問題是在 20 世紀 60 年代。

在 20 世紀 60 年代初的時候，物理學家們在對基本粒子的研究中已經發現了許多對稱性。對稱性在物理學中一直有著重要地位，不僅由於其優美的形式與某些物理學家對自然規律的美學追求十分吻合，更重要的是因為它們不僅中看，而且中用，有一種穿透複雜性的力量。即便在對一個物理體系的動力學行為還缺乏透徹理解的情況下，對稱性也往往具有令人矚目的預言能力。這最後一點在 20 世紀五、六十年代的粒子物理研究中具有極大的吸引力，因為當時人們對基本粒子交互作用的動力學機制還知之甚少，而且對在很大程度上為研究基本粒子交互作用而發展起來的量子場論產生了很深的懷疑。在這種情況下，許多物理學家對對稱性寄予了厚望，希望通過它們來窺視大自然在這一層次上的奧秘。

但不幸的是，當時所發現的許多對稱性卻被證明只在近似的情況下才成立，比如同位旋對稱性。如何理解這種近似的對稱性呢？當時有一種猜測，認為近似對稱性是（嚴格）自發性對稱破缺的產物。

所謂自發性對稱破缺（spontaneous symmetry breaking），指的是這樣一種情形：即一個物理體系的拉格朗日函數具有某種對稱性，而基態卻不具有該對稱性。換句話說，體系的基態破缺了運動方程所具有的對稱性。這種自發性對稱破缺的概念最早是出現在凝聚態物理中的，20 世紀 60 年代被日裔美國物理學家南部陽一郎（Yoichiro Nambu，1921-2015 年）和義大利物理學家約納－拉西尼奧（Giovanni Jona-Lasinio，1932-）引進到量子場論中。在量子場論中，體系的基態是真空態，因此自發性對稱破缺表現為，體系拉格朗日函數所具有的對稱性被真空態所破缺。

有的讀者可能會問：一個物理體系的真空態是由拉格朗日函數所確定的，為什麼會不具有拉格朗日函數所具有的對稱性呢？這其中的奧秘在於許多物理體系具有簡併的真空態，如果我們把所有這些簡併的真空態視為一個集合，它的確與拉格朗日函數具有同樣的對稱性。但物理體系的實際真空態只是該集合中的一個態，這個態往往不具有整個集合所具有的對稱性，這就造成了對稱性的破缺——也就是我們所說的自發性對稱破缺⑮。

但是把近似對稱性歸因於自發性對稱破缺的想法在 1961 年遭到了致命的打擊。那一年由英國物理學家戈史東（Jeffrey Goldstone，1933-）提出並在稍後與巴基斯坦物理學家薩拉姆（Abdus Salam，1926-1996 年）及美國物理學家溫伯格（Steven Weinberg，1933-）一起證明了這樣一個命題——被稱為戈史東定理（Goldstone theorem）：每一個自發破缺的整體連續對稱性都必然伴隨一個無質量純量粒子。這個無質量純量粒子被稱為戈史東粒子（Goldstone particle）或南部－戈史東粒子（Nambu-Goldstone particle）。

為什麼會有這樣的結果呢？我們來簡單地證明一下：

假定一個物理體系的拉格朗日函數中的勢（位能）函數為 $V(\varphi_a)(a=1,\cdots,N)$，其中 φ_a 為純量場（可以是基本的也可以是複合的）。顯然，該體系的真空態滿足 $\partial V/\partial\varphi_a=0$（為避免符號繁複，我們略去了對真空的標記），而純量粒子的質量（平方）由 $\partial^2 V/\partial\varphi_a\partial\varphi_b$ 在真空態上的本徵值給出。現在考慮對真空態 φ_a 作一個無窮小連續對稱變換 $\varphi_a\rightarrow\varphi_a+\varepsilon\Delta_a(\varphi)$（其中 ε 為無窮小參數）。由於 $V(\varphi_a)$ 在這一變換下不變（請讀者想一想這是為什麼），因此有 $\Delta_a(\varphi)(\partial V/\partial\varphi_a)=0$（對相同指標求和，下同）。將這一表示式對 φ_b 作一次導數，並注意到真空所滿足的條件，可得（請讀者自行證明）：

$$\Delta_a(\varphi)\frac{\partial^2 V}{\partial\varphi_a\partial\varphi_b}=0$$

由上式可以看到，每一個 $\Delta_a(\varphi)\neq 0$ 的連續對稱變換都對應於 $\partial^2 V/\partial\varphi_a\partial\varphi_b$ 的一個本徵值為零的本徵態，從而也就對應於一個無質量純量粒子。而另一方面，$\Delta_a(\varphi)\neq 0$ 的連續對稱變換所對應的正是那些不能使真空態不變——從而被真空態所破缺（即自發破缺）——的連續對稱性。這就證明了每一個自發破缺的整體連續對稱性都必然伴隨一個無質量純量粒子，即戈史東粒子。這正是戈史東定理。⑯（請讀者思考一下，戈史東定理中的「整體」二字體現在證明的什麼地方？）由於自發破缺的整體連續對稱性的數目等於這些對稱性的生成元的數目，因此戈史東定理也表明了戈史東粒子的數目等於自發破缺的整體連續對稱性生成元的數目。舉個例子來說，SU(2) 對稱性具有三個生成元，若完全破缺，就會產生三個戈史東粒子；若破缺為 U(1)，則只產生兩個戈史東粒子（因為有一個生成元未破缺）。進一步的分析還表明，戈史東粒子與那些自發破缺的整體連續對稱性所對應的荷（charge）——關於荷，請讀者回憶一下諾特定理（Noether theorem）——具有相同的宇稱及內稟量子數。

當然，嚴格講，上面的證明只是在所謂古典層次上的證明，而沒有考慮量子修正。那麼考慮了量子修正後，戈史東定理是否仍成立呢？答案是肯定的，而且證明也基本一樣，只需用包含量子修正的所謂量子有效勢 V_{eff}，取代古典拉格朗日函數中的勢函數 V 即可 ⑰。

由戈史東等人證明的這一結果為什麼會對把近似對稱性歸因於自發性對稱破缺的想法造成致命打擊呢？原因很簡單，那就是近似對稱性中的某一些——比如同位旋對稱性——正是整體連續對稱性，如果它們的近似性果真源自自發性對稱破缺，那就應該存在相應的無質量純量粒子。但我們從未在實驗上觀測到任何這樣的粒子。因此自發性對稱破缺的想法在粒子物理學中由於牽涉到無質量粒子而陷入了困境。

從希格斯機制到電弱理論

無獨有偶，粒子物理學中產生於 20 世紀五、六十年代的另一個很高明的想法也受到了無質量粒子的困擾，那個想法是 1954 年由楊振寧（1922-）和米爾斯（Robert Mills，1927-1999 年）提出的，現在被稱為楊－米爾斯理論（Yang-Mills theory）。這是一種所謂的定域「非阿貝爾規範理論」（non-Abelian gauge theory），是對像量子電動力學那樣的定域「阿貝爾規範理論」(Abelian gauge theory) 的推廣 ⑱，具體的區別是以非阿貝爾規範對稱性取代了量子電動力學所具有的阿貝爾規範對稱性——即 U(1) 規範對稱性。提出這種理論最初的動機是企圖用它來描述同位旋對稱性。但這一企圖立刻就遇到了一個很大的困難，那便是這種理論所具有的定域規範對稱性會無可避免地導致無質量的向量粒子（被稱為規範粒子，類似於量子電動力學中的光子），而在現實中，除光子外我們從未在實驗上觀測到任何這樣的粒子。

就這樣，楊－米爾斯理論與自發性對稱破缺這兩個出色的想法先後擱淺了，推根溯源，都是無質量粒子惹的禍。但如果我們仔細研究一下這對「難兄難弟」的病根，就會發現兩者竟然像是互為解藥！自發性對稱破缺的問題出在哪裡呢？出在整體連續對稱性上；而楊－米爾斯理論的問題又出在哪裡呢？出在定域規範對稱性（那是一種特殊的定域連續對稱性）上。如果我們把這兩者放在一起，讓自發性對稱破缺幹掉那些產生無質量向量粒子的定域規範對稱性，楊－米爾斯理論不就可以擺脫困境了嗎？更妙的是，由於楊－米爾斯理論中的對稱性不是整體而是定域的，戈史東定理將不適用於這種對稱性的自發破缺，這樣一來說不定那些可惡的戈史東粒子也會消失，那豈不是兩全其美？世界上會有這麼好的事嗎？還真的有。

最早明確指出這一點的是美國凝聚態物理學家安德森（Philip Warren Anderson，1923-）。對於安德森來說，戈史東定理顯然不可能是普遍成立的，因為當時的凝聚態物理學家們已經知道，超導體就是一個連續對稱性—— U(1) 對稱性——自發破缺的體系，但在這一破缺的過程中並沒有產生無質量的戈史東粒子。安德森並且很正確地意識到了 U(1) 對稱性的定域特點是使戈史東定理失效的關鍵。由於並非只有定域 U(1) 對稱性具有定域特點，事實上所有楊－米爾斯理論也都具有這一特點。因此安德森在 1963 年猜測道：「戈史東的零質量困難並不是一個嚴重的困難，因為我們很可能可以用一個相應的楊－米爾斯零質量問題來消去它。」安德森的想法得到了一些物理學家的認同，但也有人認為這種凝聚態物理的類比不能應用到相對論量子場論中。

這種懷疑很快就被推翻了。1964 年，英國物理學家希格斯（Peter Higgs，1929-）、比利時物理學家恩勒特（François Englert，1932-）與布繞特（Robert Brout，1928-）等幾乎同時證實了安德森的想法。這便是描述自發性規範對稱破缺的著名的希格斯機制（Higgs mechanism），它一方面消除了無質量的戈史東粒子，另一方面則使規範粒子獲得了質量⑲。

不過希格斯等人的漂亮工作並沒有引起即刻的轟動。希格斯就這一工作所寫的兩篇短文中的第二篇甚至一度遭到了退稿，理由是「與物理世界沒有明顯關係」。這一退稿理由使希格斯深感不快，但也促使他更深入地考慮了理論可能引致的實驗結果，並對論文進行了補充。希格斯後來認為，他因遭到退稿而補充的那些內容是人們將希格斯粒子及希格斯機制與他的名字聯繫在一起的主要原因。

做了這麼多背景介紹，現在讓我們回到主題——質量的起源——上來。希格斯機制不僅一舉「救活」了粒子物理學中自發性對稱破缺與楊－米爾斯理論這兩個極為出色的想法，而且在救助過程中為我們提供了一種產生質量的新方法，即通過規範對稱性的自發破缺，從不帶質量項的拉格朗日函數中產生出質量來。不過，由此而獲得質量的——如上文及注釋所述——只是規範粒子，而規範粒子的質量在宇宙可見物質的質量中只占了微不足道的比例，我們更關心的是在可見物質質量中占主要比例的那些粒子——費米子。

那麼，費米子的情況如何呢？ 1967 年，溫伯格和薩拉姆將希格斯機制應用到美國物理學家格拉肖（Sheldon Lee Glashow，1932-）等人幾年前所提出的旨在描述電磁和弱交互作用的 SU(2)×U(1) 規範理論中，建立起了所謂的電弱理論（electroweak theory）⑳。這一理論與描述強交互作用的量子色動力學（quantum chromodynamics）一起組成了粒子物理的標準模型。在標準模型中，費米子也是通過規範對稱性的自發破缺——或者更確切地說，通過電弱理論中的自發性規範對稱破缺——獲得質量的。具體地講，在標準模型中，費米場 ϕ 與希格斯機制中的純量場（也稱為希格斯場）φ 之間存在所謂的湯川耦合（Yukawa coupling）：$-\lambda\overline{\phi}\phi\varphi$（其中 λ 為耦合常數）㉑。由於希格斯場 φ 具有非零的真空期望值，因此將這一耦合項相對於真空展開後就會出現形如 $-m\overline{\phi}\phi$ 的費米子質量項。

因此，我們可以說，標準模型中所有基本粒子的質量都來源於電弱理論中的自發性規範對稱破缺。這是標準模型對質量起源問題的直接回答。

不過遺憾的是，這一回答卻是一個不盡人意的回答。為什麼這麼說呢？因為這一回答從某種意義上講與其說是回答了問題，不如說是在轉嫁問題——把我們想要理解的基本粒子的質量轉嫁給了希格斯場的真空期望值、規範耦合常數以及湯川耦合常數。這其中希格斯場的真空期望值及規範耦合常數與基本粒子——主要是費米子——的種類無關，可以算是具有普適性的，因此將質量向這些參數約化不失為是一種有效的概念約化。但湯川耦合常數則不然，它對於每一種費米子都有一個獨立的數值。由於這些參數的存在，標準模型的拉格朗日函數雖然不顯含質量參數，但它所包含的與質量直接有關的自由參數的數目卻一點也不比原先需要解釋的質量參數的數目來得少（事實上還略多一點）。從某種意義上講，用這種方式來解釋質量的起源，就像英國物理學家霍金（Stephen Hawking，1942-2018 年）在《時間簡史》（A Brief History of Time）一書中引述的一位老婦人的「理論」。那位老婦人宣稱世界是平面的，由一隻大烏龜托著。當被問到那只大烏龜本身站在哪裡時，老婦人冷靜地回答說：「站在另一隻大烏龜的背上。」

因此，希格斯機制及包含希格斯機制的電弱理論雖然從許多唯象的方面來衡量是非常成功的，其所體現的把質量與真空的對稱性破缺性質聯繫在一起的思路也極為深刻。但它們作為與對稱性破缺有關的特殊機制或模型，本身卻沒能實現對質量概念的真正約化，從而不能被認為是對質量起源問題令人滿意的回答。

量子色動力學

與戈史東、希格斯等人在自發性對稱破缺方面的研究幾乎同時，物理學家們在研究強交互作用上也取得了重大進展。1961 年，美國物理學家蓋爾曼（Murray Gell-Mann，1929-）與以色列物理學家內曼（Yuval Ne'eman，1925-2006 年）彼此獨立地提出了強子分類的 SU(3) 模型 ㉒。這一模型不僅對當時已知的強子給出了很好的分類，而且還預言了當時尚未發現的粒子，比如 Ω^- 粒子 ㉓。但這一模型有一個顯著的缺陷，那就是 SU(3) 的基礎表示（fundamental representation）似乎不對應於任何已知的粒子。1964 年，蓋爾曼與美國物理學家茨威格（George Zweig，1937-）提出了夸克（quark）模型，將夸克作為 SU(3) 基礎表示所對應的粒子，強子則被視為是由夸克組成的複合粒子 ㉔。

在夸克模型中，為了給出正確的強子性質，夸克必須具有實驗上從未發現過的量子數，比如分數電荷，這在當時是令人不安的。對此，蓋爾曼也深感困惑，只能用「夸克存在但不是真實的」（they exist but are not real）這樣詭異的語言來搪塞。夸克模型的另一個麻煩是，夸克是費米子，而某些強子卻似乎包含三個處於同一量子態的夸克，從而違反了包立不相容原理（Pauli exclusion principle）。關於這一點，1965 年美國物理學家格林伯格（Oscar W. Greenberg，1932-）、韓國物理學家韓武榮（Moo-Young Han，1934-2016 年）和南部陽一郎先後提出了一個解決方案，那就是引進一個新的三值量子數以保證那些夸克具有不同的量子態。南部陽一郎甚至粗略地設想了以這一量子數為基礎建構楊－米爾斯理論，但這些工作並未引起重視。1972 年，蓋爾曼等人在實驗的引導下重新考慮了這一被蓋爾曼稱之為色荷（color）的新量子數，以及以之為基礎的楊－米爾斯理論。這一理論被稱為了量子色動力學。由於色荷是一個三值量子數，因此量子色動力學的規範群被選為了 SU(3)。

在量子色動力學的發展過程中，20 世紀 60 年代末的一系列所謂「電子核子深度非彈性散射」（deep-inelastic electron-nucleon scattering）實驗起了很大的作用。這些實驗不僅證實了核子內部存在著點狀結構，而且還顯示出這些點狀結構之間的交互作用在高能——即近距離——下會變弱。這些點狀結構被美國物理學家費曼（Richard Feynman，1918-1988 年）稱為「部分子」（parton），它們中的一部分後來被證實就是夸克（另一部分是後面會提到的膠子），而部分子之間的交互作用在高能——即近距離——下變弱的行為則被稱為漸近自由（asymptotic freedom）。漸近自由為實驗上從未觀測到孤立夸克這一事實提供了一種很好的說明：那就是當夸克彼此遠離時，它們之間的交互作用會越來越強，最終從真空中產生出足以中和它們所帶色荷的粒子。我們在實驗上能夠分離出的任何粒子——比如強子——都只能是這種色荷中和之後的產物，而不可能是孤立的夸克 ㉕。由於這一原因，漸近自由很快被視為描述夸克交互作用的理論所必須具備的性質。

1973 年，美國物理學家波利策（Hugh David Politzer，1949-）、韋爾切克（Frank Wilczek，1951-）和葛羅斯（David Gross，1941-）等人發現楊－米爾斯理論具有漸近自由性質 ㉖。在當時已知的所有四維可重整場論中，楊－米爾斯理論是唯一具備這一性質的理論，這對蓋爾曼等人提出的量子色動力學是一個很強的支持。那時候，人們對楊－米爾斯理論本身的研究也已取得了系統性的進展：1967 年，蘇聯物理學家法捷耶夫（Ludvig Faddeev，1934-2017 年）和波波夫（Victor Popov，1937-1994 年）完成了楊－米爾斯理論的量子化；1971 年，荷蘭物理學家特・胡夫特（Gerard 't Hooft，1946-）證明了楊－米爾斯理論的可重整性。在這一系列工作的基礎上，量子色動力學順理成章地成為了標準模型中描述強交互作用的基本理論。這一理論中對應於 SU(3) 生成元的八個力載子被稱為膠子（gluon），它們都是無質量的。

看到這裡，有些讀者可能會問：我們是不是離題了？量子色動力學中總共只有兩類粒子：膠子與夸克。其中膠子是無質量的，而夸克雖然有質量，但其質量——與標準模型中其他費米子的質量一樣——卻是由電弱理論中的自發性規範對稱破缺產生的，與量子色動力學無關。既然如此，量子色動力學與質量起源這一主題又能有什麼關係呢？應該說，這是一個很合理的疑問。但量子色動力學的奇妙之處就在於，它形式上異常簡潔——一個簡簡單單的規範群，一個平平常常的耦合常數，差不多就是全部的家當——但內涵卻驚人地豐富。它宛如一罈絕世的佳釀，越品就越是回味無窮。在談論質量起源問題的時候，人們往往把注意力放在希格斯機制及包含希格斯機制的電弱理論上——因為希格斯機制在登場伊始就打出了質量產生機制的響亮廣告。但事實上我們將會看到，**看似與質量起源問題無關的量子色動力學對這一問題有著非常獨特而精彩的回答**，而且從某種意義上講，這一回答才是標準模型範圍內的最佳回答。

我們先來看看量子色動力學的拉格朗日函數：

$$L=-\frac{1}{2}\mathrm{Tr}(G^{\mu\nu}G_{\mu\nu})+\sum_q\bar{q}(\mathrm{i}\gamma^\mu D_\mu-m_q)q$$

其中 q 為夸克場；$G_{\mu\nu}=\partial_\mu A_\nu-\partial_\nu A_\mu-\mathrm{i}g[A_\mu,A_\nu]$ 為規範場強度；$D_\mu=\partial_\mu-\mathrm{i}gA_\mu$ 為協變導數；A_μ 為規範勢；m_q 為夸克 q 的質量；g 為耦合常數；式中的求和遍及所有的夸克種類。自然界已知的夸克種類——也稱為「味」（flavor）——共有六種。其中 u（上夸克）、d（下夸克）、s（奇夸克）被稱為輕夸克，質量分別約為 2.3MeV、4.8MeV 和 95MeV; c（魅夸克）、b（底夸克）、t（頂夸克）被稱為重夸克，質量分別約為 1.3GeV、4.2GeV 和 173GeV。這其中輕夸克的質量是在約 2GeV 的能量尺度上定義的，重夸克的質量則是在其自身質量尺度上定義的 ㉗。這些質量參數本身在標準模型範圍內是不能約化的，但由這些夸克所組成的強子的性質，在很大程度上可以由量子色動力學來描述，這其中就包括強子的質量。

在接下來的幾節中，我們就來看一下量子色動力學對強子質量的描述，以及這種描述在何種意義上可以被視為是對質量起源問題的回答。

同位旋與手徵對稱性

我們知道，可見物質的質量主要來自於質子和中子，其中質子由兩個 u 夸克及一個 d 夸克組成，而中子由一個 u 夸克及兩個 d 夸克組成。在下面的敘述中，我們將只考慮這兩種夸克。由於這兩種夸克的質量遠小於包括質子和中子在內的任何強子的質量，作為近似，我們先忽略它們的質量。這時量子色動力學的拉格朗日函數為

$$L=-\frac{1}{2}\mathrm{Tr}(G^{\mu\nu}G_{\mu\nu})+\mathrm{i}\bar{u}\gamma^\mu D_\mu u+\mathrm{i}\bar{d}\gamma^\mu D_\mu d$$

顯然（請讀者自行驗證），這一拉格朗日函數在以下兩個整體 SU(2) 變換

$$\phi\to\exp\left(-\mathrm{i}t^a\theta^a\right)\phi,\quad \phi\to\exp\left(-\mathrm{i}\gamma^5t^a\theta^a\right)\phi$$

下是不變的。這其中 $\phi = (u, d)^{\mathrm{T}}$，$t^a$ 是 SU(2) 的生成元（即包立矩陣的 1/2）。這兩個存在於 u 夸克和 d 夸克之間的對稱性分別被稱為同位旋對稱性與手徵對稱性（chiral symmetry），記為 $\mathrm{SU(2)_V}$ 與 $\mathrm{SU(2)_A}$。這其中同位旋對稱性 $\mathrm{SU(2)_V}$ 只要夸克質量彼此相等（不一定要為零）就存在，而手徵對稱性 $\mathrm{SU(2)_A}$ 只有在夸克質量全都為零時才具有（這一情形因此而被稱為手徵極限）。這一點與我們在第六節中提到的無質量量子電動力學的手徵對稱性類似。除此之外，這一拉格朗日函數還存在一個顯而易見的整體 $\mathrm{U(1)_V}$ 對稱性，它對應於重子數守恆，與夸克是否有質量，以及質量是否彼此相等都無關。

綜合起來，忽略夸克質量的上述拉格朗日函數具有整體 $\mathrm{SU(2)_V} \times \mathrm{SU(2)_A} \times \mathrm{U(1)_V}$ 對稱性 ㉘。在這些對稱性中，同位旋對稱性 $\mathrm{SU(2)_V}$ 與手徵對稱性 $\mathrm{SU(2)_A}$ 所對應的守恆流分別為

$$V^{\mu a} = \overline{\phi}\gamma^{\mu}t^{a}\phi, \quad A^{\mu a} = \overline{\phi}\gamma^{\mu}\gamma^{5}t^{a}\phi$$

顯然，在宇稱變換下，$V^{\mu a}$ 是向量（vector），$A^{\mu a}$ 則是軸向量（axial vector）。它們對應的荷 $(Q_V)^a = \int V^{0a} d^3x$ 與 $(Q_V)^a = \int A^{0a} d^3x$ 分別為純量（scalar）及準純量（pseudoscalar）㉙。

如果同位旋與手徵對稱性都是嚴格的對稱性，那麼 $(Q_V)^a$ 將生成強子譜中自 20 世紀 60 年代起逐步引導人們發現量子色動力學的同位旋對稱性；而 $(Q_A)^a$ 則將生成所謂的手徵對稱性，它要求每一個強子都伴隨有自旋、重子數及質量與之相同，而宇稱卻相反的粒子——**那樣的對稱性在強子譜中並未被發現過**。

對此，最容易想到的解釋是：由於 u 夸克和 d 夸克實際上並不是無質量的，因此手徵對稱性本就不可能嚴格成立。事實上，不僅手徵對稱性不可能嚴格成立，由於 u 夸克和 d 夸克的質量彼此不同，連同位旋對稱性也不可能嚴格成立。但是，考慮到 u 夸克和 d 夸克的質量相對於強

子質量是如此之小，相應的對稱性在強子譜中似乎起碼應該近似地存在。對於同位旋對稱性來說，情況的確如此（否則就不會有早年那些強子分類模型了）㉚。但手徵對稱性卻哪怕在近似意義上也根本不存在。舉個例子來說，手徵對稱性要求介子三重態 ρ(770) 與 $a_1(1260)$ 互為對稱夥伴（請讀者自行查驗這兩組介子的量子數），但實際上這兩者的質量分別約為 775 MeV 和 1230 MeV ㉛，相差懸殊（作為對比，同位旋夥伴的質量差通常都在幾個 MeV 以下），連近似的對稱性也不存在。

初看起來，事情似乎出了麻煩，但物理學家們卻從這一麻煩中找到了一條探究低能量子色動力學的捷徑。正所謂「山重水複疑無路，柳暗花明又一村」。

自發性手徵對稱破缺

手徵對稱性 $SU(2)_A$ 是量子色動力學拉格朗日函數中的（近似）對稱性，卻在現實世界中完全找不到對應，這究竟是什麼原因呢？應該說，要猜測一下是不困難的，因為當時物理學家們已經知道對稱性可以自發破缺。如果量子色動力學中的手徵對稱性是自發破缺的，顯然就會出現這種拉格朗日函數具有（近似）手徵對稱性，現實世界卻並不買帳的現象。但是，猜測歸猜測，要想在理論上嚴格證明這一點——哪怕只是在物理學而不是數學的標準下嚴格證明——卻是極其困難的。

有讀者可能會問：自發性對稱破缺在電弱理論中用得好好的，為什麼在量子色動力學中卻變得「極其困難」了呢？這是因為在電弱理論中自發性對稱破缺是由人為引進的希格斯場產生的，我們有一定的自由度來選擇對稱性破缺的方式。但量子色動力學並不包含這種人為引進的希格斯場，因此，在量子色動力學中，整體 $SU(2)_V \times SU(2)_A \times U(1)_V$ 對稱性是否自發破缺？如果破缺，是否恰好是手徵部分 $SU(2)_A$ 破缺，即破缺到 $SU(2)_V \times U(1)_V$？都只能由理論本身來決定，而不是我們可以擅自假設的，正是這一特點使問題變得「極其困難」㉜。更麻煩的是，手徵對稱性的破缺——如果出現的話——乃是一種出現在量子色動力學的強交互作用區域——即低能區域——的現象。對於理論研究來說，這無疑是雪上加霜。

另一方面，**自發性對稱破缺的存在與否及具體方式由理論本身所決定，雖然為量子色動力學帶來了一個「極其困難」的理論問題，同時卻也是它的一個極大的理論優勢**。因為電弱理論之所以只是對質量起源問題的一個不盡人意的回答，一個很重要的原因就是希格斯場以及它與費米場之間的交互作用——湯川耦合——都是人為引進的，從而都是所謂的自由參數（free parameter）。而量子色動力學沒有那種類型的自由參數，因此它與觀測之間的對比更為嚴酷：如果成功，將是極具預言能力的成功，因為自由參數越少，預言能力就越強；但如果失敗，也將是無力回天的失敗，因為自由參數越少，轉圜餘地也就越小。

那麼量子色動力學究竟能不能實現從 $SU(2)_V \times SU(2)_A \times U(1)_V$ 到 $SU(2)_V \times U(1)_V$ 的自發性對稱破缺呢？目前在理論上還是一個待解之謎。1979 年，特・胡夫特通過對規範理論中的反常（anomaly）進行分析，得到了一個結果：即如果所考慮的整體對稱性是 $SU(3)_V \times SU(3)_A \times U(1)_V$，那它就必須自發破缺。可惜的是，一來量子色動力學中的 SU(3) 對稱性遠比 SU(2) 對稱性粗糙，二來這一結果並未告訴我們具體哪一部分對稱性會自發破缺。1980 年，美國物理學家科爾曼（Sidney Coleman，1937-2007 年）與維滕（Edward Witten，1951-）提出了在某些合理的物理條件下，當色的數目 N_c 趨於無窮大時，手徵對稱性必須自發破缺。這一結果雖然抓準了手徵對稱性，但可惜量子色動力學中色的數目 N_c 不僅不是無窮，而且還很小（$N_c = 3$）。1984 年，伊朗裔美國物理學家瓦法（Cumrun Vafa，1960-）與維滕證明了未被非零夸克質量項所破缺的同位旋對稱性（請讀者想一想，在現實世界裡這一對稱性由什麼群來表示？）不會自發破缺。可惜這一證明雖然表明特定的同位旋對稱性不會自發破缺，卻未能對手徵對稱性是否一定會自發破缺提供說明。

雖然上述理論研究沒有一個能夠證明量子色動力學中的 $SU(2)_V \times SU(2)_A \times U(1)_V$ 整體對稱性必定會自發破缺到 $SU(2)_V \times U(1)_V$，但它們都與這一破缺方式相容這一事實，無疑還是大大增強了人們的信心。在物理學上，嚴格證明是一種美妙的東西，但有時卻可望不可及，物理學家們的工作往往並不總是依賴於它。迄今為止，雖然尚未有人能夠給出量子色動力學中自發性手徵對稱破缺的嚴格證明，但從這一破缺方式已經得到的大量間接證據來看，它的證明應該只是時間問題。物理學家們更感興趣的是：如果手徵對稱性自發破缺了，我們可以從中得到什麼推論？有關這一點，人們做過不少細緻研究。那些研究獲得了極大的成功，不僅給出了被稱為「手徵微擾理論」（chiral perturbation theory）的描述低能量色動力學的所謂「有效場論」（effective field theory），而且得到了一系列與實驗相吻合的漂亮結果。這一切也反過來為手徵對稱性的自發破缺提供了進一步的間接證據。

下面我們就來看看由自發性手徵對稱破缺導致的推論之中與質量起源問題有密切關係的部分。

準戈史東粒子的質量

我們在第七節中介紹過，自發性對稱破缺的最重要推論之一，是存在無質量的純量粒子，即戈史東粒子，它們與自發破缺的對稱性所對應的荷具有相同的宇稱及內稟量子數。對於手徵對稱性來說，荷是 $(Q_A)^a$，它在時空中是一組準純量，在內稟空間中則是一個向量，因此相應的戈史東粒子的宇稱為負，同位旋則為 1。自然界裡滿足這些特徵的強子中質量最輕的是 π 介子（π^-、π^0 和 π^+）。如果手徵對稱性是自發破缺的，π 介子就應該是這一破缺所對應的戈史東粒子 ㉝。但是，戈史東粒子是無質量的，π 介子卻是有質量的，這一矛盾該如何解決呢？

我們知道，在理想的自發性對稱破缺情形下，體系的實際真空態可以是一系列簡併真空態中的任何一個。但是，量子色動力學中的手徵對稱性破缺卻並非理想情形下的破缺，因為量子色動力學的拉格朗日函數含有手徵對稱性的明顯破缺項——即夸克的質量項。由於這種明顯破缺項的存在，實際真空態的選取就不再是任意的了，明顯破缺項的存在將會對實際真空態起到一個選擇作用。這就好比一根立在桌上的筷子，如果桌子是嚴格水平的，它向任何一個方向倒下都是同等可能的，但如果桌子是傾斜的，它就會往傾斜度最大（梯度最大）的方向倒。用數學的語言來說（符號的含義與第七節相同），如果 $V_1(\varphi_a)(a = 1, 2, \cdots, N)$表示對稱性的明顯破缺項，那麼，它所選出的真空態將滿足下列條件：

$$\Delta_a(\varphi)\frac{\partial V_1}{\partial \varphi_a} = 0$$

這一條件被稱為真空取向條件（vacuum alignment condition）。另一方面，明顯破缺項的存在也破壞了戈史東定理成立的條件，由此導致的結果是戈史東粒子有可能具有非零質量，這樣的粒子被稱為準戈史東粒子（pseudo-Goldstone particle）。真空取向條件是確定準戈史東粒子質量的重要條件。準戈史東粒子的出現消除了 π 介子的非零質量與戈史東粒子的零質量之間的定性矛盾。但在定量上 π 介子與準戈史東粒子的質量是否吻合呢？我們現在就來看一看。

如前所述，對於量子色動力學中的手徵對稱性來說，對稱性的明顯破缺項為質量項，它可以改寫成（請讀者自行驗證），

$$V_1 = \frac{1}{2}(m_u + m_d)\bar{\phi}\phi + \frac{1}{2}(m_u - m_d)(\bar{u}u - \bar{d}d)$$

其中 $\bar{\phi}\phi = \bar{u}u + \bar{d}d$ 。上式的特點是：第一項只破壞手徵對稱性，第二項則破壞同位旋對稱性。研究表明，在這些特點的基礎上進一步考慮到不存在同位旋對稱性的自發破缺這一限制，可以得到準戈史東粒子的質量為（這一結果也可以從手徵微擾理論得到）：

$$m_\pi^2 = \frac{m_u + m_d}{2F_\pi^2}\langle\, 0 \mid \bar{\phi}\phi \mid 0 \,\rangle$$

其中 F_π 是一個因次為能量的常數，由

$$\langle 0|A^{\mu a}(x)|\pi^b(p)\rangle = \mathrm{i}p^\mu F_\pi \delta^{ab} e^{-\mathrm{i}px}$$

定義。F_π 被稱為 π 衰變常數（pion decay constant），可以由 π 介子的衰變來確定，原則上也可以從理論上計算出，其數值約為 92. 4 MeV ㉞。$\langle 0|\overline{\varphi}\varphi|0\rangle$是一個因次為能量三次方的參數，被稱為手徵凝聚（chiral condensate），目前人們對它的計算還比較粗略，結果大致為 $\langle 0|\overline{\varphi}\varphi|0\rangle \sim (270\,\mathrm{MeV})^3 n_\mathrm{f}$，其中 n_f 為參與凝聚的夸克種類，對於我們所考慮的情形 $n_\mathrm{f} = 2$（即只有 u 夸克和 d 夸克參與凝聚）㉟。$m_u + m_d$ 通常取為 8 ～ 9 MeV。由此可以得到（請讀者自己計算一下）：$m_\pi \sim 140$ MeV。這幾乎正好就是 π 介子的質量（$\pi^\pm$ 的質量約為 140 MeV；π^0 的質量約為 135 MeV）。當然，上述估算是相當粗略的，不能因為數值上的吻合而高估它的精度。但結合了晶格量子色動力學（lattice QCD）計算的大量更為細緻的研究表明，這種吻合並非偶然 ㊱。

現在讓我們再次回到主題——質量的起源——上來。我們看到，量子色動力學計算出了作為準戈史東粒子的 π 介子的質量。如果我們想知道 π 介子的質量起源，這可以算是一種回答。可惜的是，這種回答與我們在第六節中介紹的電磁自能具有相同的缺陷，那就是它正比於在理論中無法約化的外來參數：夸克質量。一旦外來參數不存在（即夸克質量為零），這一回答就會失效（因為答案也將為零）。因此量子色動力學對 π 介子及其他準戈史東粒子質量的計算雖然很漂亮，從回答本原問題的角度看卻仍不足以令人滿意。

一個 93 分的答案

但是，當我們把目光轉到更複雜，同時也更具現實意義的強子——比如質子和中子（以下合稱核子）——的質量時，卻會看到量子色動力學的確為質量起源問題提供了一個非常精彩的回答。

計算核子或其他重子的質量是一個相當困難的低能量子色動力學問題，通常的做法是利用超級電腦進行晶格量子色動力學計算。但是，由於技術上的限制，人們在這類晶格量子色動力學計算中採用的 u 夸克和 d 夸克的質量一度要比它們的實際質量高出 5 倍左右，由此得到的核子質量通常也要比實際值高出 30%以上。不過近幾年，隨著技術的演進，晶格量子色動力學計算所採用夸克質量已逐漸降低，甚至已有一些研究者開始採用實際質量。

另一方面，與晶格量子色動力學計算中夸克質量的「不可承受之重」截然相反，在我們前面提到的手徵微擾理論中，夸克的質量卻是越輕越好，甚至最好是零。顯然，如果我們能在這兩種極端之間作某種調和，借助手徵微擾理論對晶格量子色動力學的計算進行適當的外推，就有可能得到更接近現實世界的結果。這正是物理學家們在計算核子質量時採用的手段。這種借助手徵微擾理論對晶格量子色動力學計算進行外推的方法被稱為手徵外推（chiral extrapolation）。利用手徵外推得到的核子質量為

$$m_N = m_0 - 4c_1 m_\pi^2 + O(m_\pi^3)$$

其中 $m_0 \approx 880\text{MeV}$；$c_1 \approx -1\text{GeV}^{-1}$；$m_\pi^2$ 是 π 介子的質量平方，如上節所述，正比於夸克質量。若干更高階的項也已被計算出，這裡就不細述了。將有關數據代入這一公式，我們可以得到（請讀者自己計算一下）：$m_N \approx 954\text{MeV}$，它與實際的核子質量（質子約為 938MeV；中子約為 940MeV）相當接近。不僅如此，系統的計算（包括來自部分高階項的貢獻）還給出了許多其他重子的質量，比如：$m_\Sigma \approx 1192\text{MeV}$（實驗值約為 Σ^+：1189MeV；Σ^0：1193MeV；Σ^-：1197MeV）；$m_\Lambda \approx 1113\text{MeV}$（實驗值約為 1116MeV）；$m_\Xi \approx 1319\text{MeV}$（實驗值約為 Ξ^0 :1315MeV；Ξ^- :1321MeV），都與實驗有不錯的吻合 ㊲。這些結果表明，量子色動力學的確可以用來計算重子質量。

那麼，從回答本原問題的角度看，這些計算是否令人滿意呢？

從上面所引的核子質量公式中我們可以看到，上述核子質量有一個不同於準戈史東粒子質量的至關重要的特點，那就是它在手徵極限——即夸克質量為零——時不為零，而等於 $m_0 \approx 880\text{MeV}$ 。這個數值約為核子質量的 93%，它完全是由量子色動力學所描述的交互作用所確定的㊳。這表明，**即便不引進任何外來的夸克質量，量子色動力學仍能給出核子質量的絕大部分**。由於宇宙中可見物質的質量主要來自核子質量，因此宇宙中可見物質質量的絕大部分都可以在不引進夸克質量的情況下，由純粹的量子色動力學加以說明。從這個意義上講，量子色動力學為質量起源問題提供了一個獨特而精彩的回答。這一回答不像電弱理論那樣帶有比所要解釋的質量參數還要多的可調參數，因而非常符合回答本原問題的需要。不過，由於它只能給出核子質量的 93%，因此我們粗略地給它打 93 分。在標準模型的範圍內，這是迄今所知的最佳回答。

93 分雖然是一個高分，但終究不是滿分。為了尋找更接近滿分的答案，我們不得不重新回到標準模型中不能約化的那些質量——包括使量子色動力學丟掉 7 分的夸克質量——上來。那些質量究竟來自何方？究竟還能不能約化？這些問題的答案——如果有的話——就只能到標準模型之外去尋找了。

2007 年 1 月 25 日寫於紐約
2014 年 11 月 19 日最新修訂

註釋

① 本系列曾在《現代物理知識》雜誌（中國科學院高能物理研究所）上連載，其中第 3 ～ 6 節發表於 2007 年第 1 期（發表時的標題為：〈質量起源——電磁質量說的興衰〉）；第 7 ～ 8 節發表於 2007 年第 2 期（發表時的標題為：〈質量起源——從對稱性破缺到希格斯機制〉）；第 9 ～ 13 節發表於 2007 年第 3 期（發表時的標題為：〈質量起源——量子色動力學與質量起源〉）。

② 當然，這一說法並不嚴格，在星系所佔據的空間範圍內也有數量可觀的暗物質及暗能量，我們這裡指的只是光學觀測意義上的星系。

③ 這裡有一個著名的例外是馬赫（Ernst Mach, 1838-1916 年），他對牛頓絕對時空觀的批判性思考啟示了這樣一種觀念，那就是一個物體的質量（慣性）起源於宇宙中其他星體的作用。馬赫的想法曾對愛因斯坦產生過影響，並且直到現在還有一些物理學家在研究，但它與廣義相對論的定量結果及對慣性各向異性的測量結果並不相符。因此我們不把它列為有關質量起源的具體理論。

④ 勞侖茲所用的質量定義是 m(d**v**/dl) ＝ d**p**/dt，「橫質量」與「縱質量」分別對應於 **v** 與 d**v**/dt 垂直及平行這兩種特殊情況。

⑤ 當時還沒有愛因斯坦的質能關係式，亞伯拉罕的這一關係式是一個簡單的力學關係式，讀者不妨自行推導一下。

⑥ 如上所述，亞伯拉罕也是古典電子論的代表人物，有讀者可能會問，他自己的電子模型又如何呢？與勞侖茲不同，亞伯拉罕所用的是一個絕對剛性的電子模型，因此在他的模型中不需要引進對能量有貢獻的張力。他的模型一度曾被認為比勞侖茲的模型更符合實驗，但那實驗——即德國物理學家考夫曼（Walter Kaufmann, 1871-1947 年）的實驗——後來被證實是有缺陷的。

⑦ 有興趣的讀者可以進一步證明這樣一些結果：（1）對於球對稱均勻面電荷分布，$\int T^{00}_{EM}(x^{\xi})d^3x=(1/2)e^2/R$；（2）對於任意球對稱電荷分布，$\int T^{ij}_{EM}(x^{\xi})d^3x=(1/3)\int T^{00}_{EM}(x^{\xi})d^3x$；（3）由 1 和 2 證明勞侖茲有關 m_T 與 m_L 的公式；（4）證實亞伯拉罕對勞侖茲的批評，即用 $m_L=(1/v)(dE/dv)$ 定義的質量與勞侖茲的結果不同。

⑧ 當然，這樣的說法對歷史作了一定的簡化。確切地講，古典電子論的出現實際上略早於電子的發現，而類似於古典電子論的電子結構研究在量子理論之後仍間或地有一些物理學家在做，不過那些研究大都已不能完全歸於古典電子論的範疇。另一方面，古典電子論所包含的電子結構以外的東西，比如從物質的微觀——但非量子的——電磁結構出發研究宏觀電磁及光學性質的方法，直到今天仍可以在一些古典電磁學的教材中找到蹤跡。但總體來說·古典電子論隨著量子理論的興盛而沒落的大趨勢仍是顯而易見的。

⑨ 古典電子論對電子的描述不僅與量子力學不符，在電子自旋發現之後，試圖在古典電子模型中加入電子自旋的努力與狹義相對論也產生了矛盾，可謂腹背受敵。

⑩ 韋斯科夫的計算包含了一個符號錯誤，但很快被弗裡（Wendell H. Furry，1907- 1984 年）和卡爾森（Frank Carlson）所糾正。

⑪ 量子場論的微擾展開式有許多微妙的地方。以量子電動力學為例，儘管其耦合常數 α 很小，從而 n 圈圖的貢獻受到 α^n 的抑制，但另一方面，隨著圈數的增加，不等價 n 圈圖的數目也在增加，其趨勢約為 n!（這當然只是非常粗略的說法，圈圖的確切數目與交互作用的具體形式有關，且其中還有符號問題，綜合的結果非常複雜）。當 n 接近或大於 $1/\alpha$ 時，圈圖數量的增加將抵消由弱耦合所帶來的減弱因子 α^n 的影響，因此量子電動力學的微擾展開式並不收斂，這一點最早是由英裔美國物理學家戴森（Freeman Dyson）於 1951 年給出的。有鑑於此，所謂單圈圖的貢獻占了主要部分其實是從漸近級數的意義上說的。

⑫ 順便提一下，龐加萊張力帶來的困難除了我們在第四節中提到的非電磁起源外，還有一個更嚴重的，那就是由龐加萊張力所維持的電子結構雖然具有靜態的平衡，卻是不穩定的，在細微的擾動下就會土崩瓦解（類似於愛因斯坦的靜態宇宙模型）。這是 1922 年由義大利物理學家費米（Enrico Fermi）所證明的。

⑬ 當我們談到截斷的時候，有一點需要提醒讀者注意，那就是對於像電子自能這樣對截斷尺度相對敏感的物理量，只計算截斷尺度以下的貢獻顯然是不完整的，那麼來自截斷尺度以上的貢獻有多少呢？答案是與適用於截斷尺度以上的理論的具體形式有關。如果那個理論本身也有截斷，我們還必須關心來自那個截斷尺度以上的貢獻。物理學家們的期望是，我們最終將會有一個有限的理論，那時我們就不需要用截斷來遮遮掩掩了。

⑭ 這從簡單的因次（量綱）分析就可以看出：δm 的形式為 $mf(\Lambda/m)$，而從費

曼圖所對應的積分的形式可知其相對於 Λ 的漸近形式 $f(x)$ 只能是對數或以正負整數為冪次的冪函數，這其中只有 $f(x) = \ln(x)$ 可以使 δm 既在 $\Lambda \to \infty$ 時發散，又在 $m \to 0$ 時為零。

⑮ 學過量子力學的讀者可能會進一步問：如果一個量子體系的基態是簡併的，那麼體系的物理基態難道不應該是這些簡併態的某種量子疊加嗎？這種量子疊加——如我們在量子力學中所見到的——往往不僅會破除原有的基態簡併性，並且使真正的基態具有與原先簡併基態的集合相同的對稱性。在這種情況下，自發性對稱破缺豈不是不存在了？這是一個非常好的問題，答案是：對於有限體系來說情況確實會如此（除非有什麼原因——比如對稱性——禁止簡併基態間的相互耦合）。但在量子場論中通常假定體系的空間體積趨於無窮，這時不同真空態之間的相互耦合趨於零，嚴格的自發性對稱破缺只發生在這種情形下。

⑯ 戈史東定理也可以從幾何上來理解。$V = V(\varphi_a)$（$a = 1, \cdots, N$）可以看成是一個 N 維曲面，真空態對應於該曲面的一個極小值點，而該點處每一個獨立的平坦方向（即二階導數為零的方向）對應於一個無質量純量粒子。另一方面，每一個這種獨立的平坦方向對應於一個可以使真空態移到鄰近點的連續對稱變換。這種連續對稱變換所表示的正是被真空態所破缺的對稱性。這就表明無質量純量粒子與這種自發破缺的對稱性一一對應。另外再補充一點：南部陽一郎曾在 1960 年提出過類似於戈史東定理的想法，但未引起足夠重視。

⑰ 這裡有一個很有意思的問題，那就是既然真正的自發性對稱破缺是由量子有效勢 V_{eff} 而非古典勢函數 V 所決定的，那麼在古典勢函數 V 不具有簡併真空態（從而不會產生自發性對稱破缺）的情況下，是否有可能通過體現在有效勢 V_{eff} 中的純量子效應產生自發性對稱破缺呢？答案是肯定的。如果哪位讀者獨立地想到了這個問題，那麼祝賀你了，這說明你有非常敏銳的物理思維能力。如果你同時還具有第一流的理論基礎，並且早生幾十年的話，就有可能作出一個非常重大的理論發現，那便是 1973 年由美國物理學家科爾曼（Sidney Coleman，1937-2007 年）與溫伯格（Erick Weinberg, 1947-）所發現的如今被稱為科爾曼－溫伯格機制（Coleman-Weinberg mechanism）的對稱性破缺機制。

⑱ 一般來說，粒子物理學中的規範對稱性指的就是「定域」規範對稱性。不過在本節中，為突出「定域」所起的作用，我們有時會特意注明。

⑲ 用技術性的語言來說，在希格斯機制中對應於戈史東粒子的那些自由度可以

被定域規範變換所消去（必須注意的是：「定域」二字在這裡至關重要，整體的連續變換是不具有這種能力的）。從規範理論的角度講，這相當於選取了一種被稱為么正規範（unitary gauge）的特殊規範。這種特殊規範的選取造成定域規範對稱性的破缺，從而使原本受定域規範對稱性所限必須無質量的規範粒子可以獲得質量。人們有時把這種機制形象地描述為：規範粒子通過「吃掉」戈史東粒子而獲得質量。另外要說明的是，這裡所介紹的由希格斯等人提出的，被粒子物理標準模型所吸收的其實只是希格斯機制的一種最簡單的實現形式——但似乎恰好就是自然界所採用的形式。

⑳ 電弱理論中的規範對稱性破缺方式是 SU(2)×U(1) 破缺為 U(1)，由此產生的三個戈史東粒子通過希格斯機制使四個規範粒子中的三個（即 W 士和 Z）獲得質量，剩下的一個（即光子）則維持了無質量。

㉑ 更確切地講，標準模型中的湯川耦合是形如 $-\lambda\overline{\phi}_L\phi_R\varphi$ − h. c. 的項，其中 ϕ 為質量本徵態（不同於弱本徵態），L 與 R 分別代表左右手徵部分，h. c. 代表厄米共軛。湯川耦合是費米子場與純量場之間唯一的可重整耦合。

㉒ 蓋爾曼將這一模型稱為八正道（eightfold way），這一名稱取意於佛教術語，所代表的是 SU(3) 分類模型中的八維表象。

㉓ Ω^-粒子於 1964 年被發現，它不僅量子數與理論預言完全一致，質量也非常接近理論的預期。

㉔ 當時蓋爾曼是加州理工大學（California Institute of Technology）的教授，茨威格則是該校的研究生，他們雖在同一學校，但提出夸克模型是彼此獨立的。夸克這一名稱是蓋爾曼所取，來自於愛爾蘭作家喬伊絲（James Joyce，1882-1941 年）的小說《芬尼根的守靈夜》（Finnegans Wake）；茨威格提議的名字也很幽默，是「Aces」——即撲克牌中的「王牌（Ace）」。對茨威格來說，十分苦澀的經歷是：同樣標新立異的理論，蓋爾曼的文章應雜誌編輯的親自邀請發表在了歐洲核子中心（CERN）的新雜誌《物理快報》（Physics Letters）上，而人微言輕的茨威格的文章卻遭到拒稿而未能及時發表。茨威格後來轉行離開了物理。

㉕ 這一點也適用於膠子或任何不處於色單態的粒子組合。不過要注意的是，它的嚴格數學證明是極其困難的。事實上，它是美國克萊數學研究所（Clay Mathematics Institute）懸賞百萬美元徵求解答的七大數學難題之一的「楊－米爾斯與質量隙」（Yang-Mills and Mass Gap）問題的一部分。不過許多物理學家對從數學上嚴格證明這一點並無太大興趣，溫伯格就曾經表示：「這一點肯定是正確的，因此我和其他一些人一樣很樂意把證明留給數學家去

做。」

㉖ 波利策等人因此而獲得了 2004 年的諾貝爾物理學獎。比他們稍早，荷蘭物理學家特・胡夫特（Gerard 't Hooft）也有過同樣的發現，可惜沒有發表。

㉗ 補充說明兩點：（1）定義夸克質量所用的重整化方案（renormalization scheme）是 $\overline{MS}$。（2）夸克的「輕」和「重」是相對於量子色動力學中的特徵尺度 Λ_{QCD}（約為 200 ～ 300 MeV）來區分的。

㉘ 有讀者可能會問：既然有 $U(1)_V$，是不是也有 $U(1)_A$？在古典層次上答案是肯定的，但是在量子世界裡，$U(1)_A$ 會被反常（anomaly）所破壞。

㉙ 感興趣的讀者請利用場量的宇稱變換性質 $\phi(t,x) \to \gamma^0 \phi(t,-x)$ 自行證明 $V^{\mu a}$ 與 $A^{\mu a}$ 的變換性質 $V^{\mu a}(t,x) \to V_{\mu}^{a}(t,-x)$ 與 $A^{\mu a}(t,x) \to -A_{\mu}^{a}(t,-x)$。另外要注意的是，這裡所說的向量、軸向量、純量、準純量都是依據時空變換性質區分的，與那些量在 SU(2) 內稟空間內的變換性質無關。

㉚ 由於 s 夸克也是輕夸克，因此我們的討論可以擴展至包括 s 夸克，這是強子分類中存在 SU(3) 近似對稱性的原因——請注意這個 SU(3) 是「味」對稱性而不是「色」對稱性。不過由於 s 夸克的質量較大，SU(3) 對稱性的近似程度遠不如 SU(2) 對稱性來得高。

㉛ 在強子的命名中，有些帶有質量參數，$\rho(770)$ 與 $a_1(1260)$ 就是兩個例子。細心的讀者可能要問：既然如此，這兩個介子的質量怎麼會是 775 MeV 和 1230 MeV，而非 770 MeV 和 1260 MeV 呢？我把這個問題留給讀者自己去思考。

㉜ 雖然從實驗上觀測到的強子譜來看，量子色動力學中的 $SU(2)_V \times SU(2)_A \times U(1)_V$ 對稱性幾乎肯定是破缺成了 $SU(2)_V \times U(1)_V$（即手徵對稱性被破缺了），但這並不意味著量子色動力學的真空一定能夠實現這一破缺方式。相反，能否實現這一破缺方式在很大程度上可以視為是對量子色動力學的檢驗。

㉝ π 介子的質量遠小於其他強子的質量，這一點很早就引起了人們的注意。為了解釋這一現象，早在量子色動力學出現之前的 1960 年，南部陽一郎就提出可能存在一種極限情形（相當於後來的手徵極限），在其中 π 介子是自發性對稱破缺所產生的無質量粒子。中國物理學家周光召（1929-）也於 1961 年提出過類似的想法。

㉞ 不同的文獻對 F_π 有不同的定義，彼此相差一個常數因子 2 或 $\sqrt{2}$。

㉟ 這一結果在定性上是可以預期的，因為它大致等於量子色動力學中除夸克質量外的唯一尺度 Λ_{QCD} 的三次方。感興趣的讀者可以（定性地）思考這樣一個問題：在不考慮夸克質量的情況下，量子色動力學拉格朗日函數中唯一的參數是無因次的耦合常數，那麼像 Λ_{QCD} 這樣的能量尺度是從何而來的？

㊱ 需要指出的是，對夸克質量的估計本身就在一定程度上運用了 π 介子（及其

他幾種介子）的質量。因此孤立地看，這裡所謂的「吻合」帶有循環論證的意味。但是人們對強子質量的計算是大量而系統的，涉及的粒子種類遠遠多於輕夸克的數目，當我們把所有這些計算綜合起來看，這種「吻合」就不再是循環論證，而成為了很強的自洽性檢驗 （consistency check）。這一點也適用於後文所述的對重子質量的計算。

㊲ 這些數值對比來自本文寫作之初所參閱的文獻，是大約十年前的研究結果。感興趣的讀者可以查閱一下新近文獻，看是否有更好的結果。

㊳ 這個質量對應於一個由無質量的夸克和膠子組成的束縛態的質量。撇開計算上的複雜性不論，定性地講，量子色動力學對這一質量的確定其實並不玄妙，它與量子力學對氫原子結合能的確定相類似——當然，氫原子在零質量極限下是不存在的。量子色動力學所具有的這種「質量隙」 （mass gap） 現象是高度非平凡的。另外，這個質量完全由交互作用所決定，在這一點上它有點類似於馬赫早年的想法。只不過馬赫設想的交互作用來自遙遠的星體，而量子色動力學計算涉及的是微觀世界的交互作用。感興趣的讀者可以思考一下：無質量的粒子為什麼可以組成有質量的束縛態？

纖維裡的光和電路中的影 ①

在一個週末的清晨，你上網查詢了本市的景點資訊，然後決定與家人一起參觀新落成的科學博物館；在博物館裡，你一邊參觀，一邊用數位相機拍著相片；回家後，你用電子郵件將幾張精選相片傳給朋友，讓他們分享你的快樂；晚上，你和家人圍坐在一起，欣賞清晰的數位電視……

繪畫｜張京

你也許沒有意識到，在這普通的一天裡，你已反覆成為了 2009 年諾貝爾物理學獎獲獎成果的受益者。

2009 年 10 月 6 日，擁有英國和美國雙重國籍的華裔科學家高錕（Charles K. Kao），擁有加拿大和美國雙重國籍的科學家博伊爾（Willard S. Boyle），以及美國科學家史密斯（George E. Smith）共同榮獲了 2009 年的諾貝爾物理學獎 ②。

在這三人中，高錕「因光學通信中有關光在纖維中傳輸的突破性貢獻」（for groundbreaking achievements concerning the transmission of light in fibers for optical communication）獲得全部獎金（約 140 萬美元）的一半，博伊爾和史密斯則「因發明一種成像半導體電路—— CCD 感測器」（for the invention of an imaging semiconductor circuit—the CCD sensor）而分享了另一半。

在本文中，我們將對這三位科學家的工作及其意義作一個簡單介紹。

光纖，資訊時代的大動脈

我們先來談談光纖。

簡單地講，光纖是一種能引導光在其中傳輸的纖維。初看起來，這並不是什麼深奧莫測的東西，因為光——如我們早已知道——可在一切透明介質中傳輸，而光纖不過是製成纖維狀的透明介質。這種用介質引導光的想法早在 19 世紀 40 年代初就已出現並付諸實驗（所用介質是水和玻璃），它的一種早期應用是燈光噴泉（直到今天仍在用）。由於受光纖引導的光可以隨光纖而彎曲，自 20 世紀 20 年代末起，人們開始設想用光纖來製作諸如胃鏡之類的醫學儀器，那些儀器可以深入患者體內，用光纖引導的光將患處的圖像傳輸出來。

從物理上講，光纖利用的是一種有趣的光學現象，那就是當光從折射率較高的介質（比如玻璃）射向折射率較低的介質（比如空氣）時，在特定的角度範圍內，入射光會在兩種介質的交界面上被完全反射，而無法進入折射率較低的介質。這種現象被稱為光的全內反射（total internal reflection），如圖 8 所示。正是它保證了光纖內的光能夠被光纖所引導，而無法輕易逃逸。

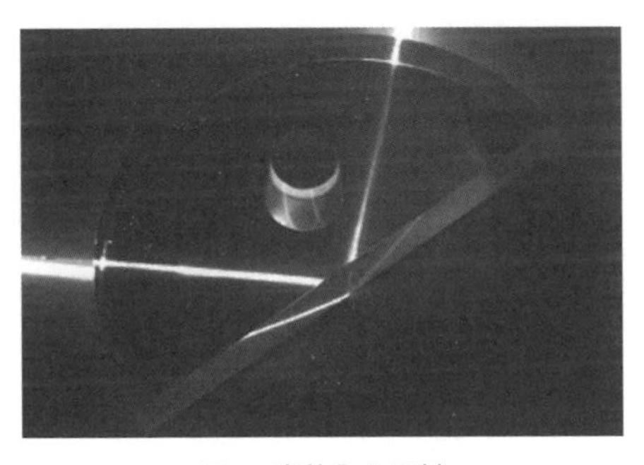

圖 8　光的全內反射

事情如果僅僅是這樣，就沒諾貝爾獎什麼事了。人們在實際製作光纖時很快就發現，雖有全內反射在光纖的邊界上把關，光纖中的光仍會迅速損耗。在 20 世紀 60 年代初，光在最好的光纖中，也只能傳播區區 20 米就只剩下了 1%左右。這使得光纖的應用只能侷限於像醫學儀器那樣的短距離之內。

那麼，光纖中光的快速損耗究竟是什麼造成的呢？人們提出了一些可能的原因，比如光纖的彎曲，或光纖材料（比如二氧化矽）的晶體結構缺陷等。但是，任何實際應用中的光纖都不可能不彎曲，任何常溫下的晶體結構也都不可能無缺陷。因此，若原因果真在這些方面，那光的快速損耗基本上就是「絕症」了。幸運的是，就在這光纖應用的整體前景面臨極大挑戰的時候，英國標準電信實驗室（Standard Telecommunications Laboratories）的高錕與霍克漢姆（George Hockham）經研究發現 ③，光的快速損耗並非上述原因所致，而主要是由於光纖中雜質——尤其是鐵離子——對光的吸收與散射。他們這項研究為光纖時代的降臨開啟了大門 ④，因為既然罪魁禍首是雜質，我們要做的就只是對光纖材料進行提純，而這是沒有任何原則性困難的。

高錕等人的工作發表於 1966 年。4 年之後，即 1970 年，美國玻璃製造商康寧公司就通過材料提純，將原先 20 米的傳輸距離提升到了 1000 米 ⑤。此後，就像所有技術領域的發展一樣，這一紀錄被一再刷新。自 1975 年起，英、美、日等國先後邁出了實用光纖通信的步伐。1988 年，第一條跨大西洋的光纖電纜安裝成功。現代的網際網路、有線電視、電話通信等更是處處離不開光纖（圖 9）。可以毫不誇張地說，光纖已成為資訊時代的大動脈。與傳統的無線電通信相比，光纖所能傳輸的信

圖 9 光纖網路示意圖

息量要大得多，而且光纖所用之材料不僅蘊藏豐富，而且強度很高，具有得天獨厚的應用優勢。據估計，人們迄今鋪設的光纖網路已達 10 億公里左右，足可在地球與月亮之間繞一千多個來回。

在光纖所傳輸的資訊裡，有很大一部分是數位影像，這些影像的由來將我們引向了今年（2009）諾貝爾物理學獎的第二項獲獎工作：CCD。

CCD，數位攝影的電子眼

CCD 是電荷耦合元件（charge-coupled device）的英文縮寫。這種元件原本是作為一種電子記憶體而研發的。1969 年秋天，美國貝爾實驗室的博伊爾（Willard S. Boyle）和史密斯（George E. Smith）從事的就是這種研發工作。但 CCD 的真實用途幾乎立刻就轉變為了感光元件。

CCD 的感光原理是建立在一種被稱為光電效應（photoelectric effect）的現象之上的。這種現象曾被電磁波的發現者，德國物理學家赫茲（Heinrich Hertz）觀察到——因此有時也被稱為赫茲效應（Hertz effect），後來又經過了實驗物理學家萊納德（Philipp Lenard）的研究，並由愛因斯坦利用當時還很新穎的光量子理論作出了理論解釋（萊納德與愛因斯坦因此分別獲得了 1905 和 1921 年的諾貝爾物理學獎）。按照光電效應，適當頻率的光照射到某些物質上時，會從物質中打出電子，其數目與發光強度成正比。

利用這一效應，博伊爾和史密斯將感光材料製成了一個由很多小單元組成的陣列 ⑥，當光照射到陣列上時，會在每個小單元上打出一些電子。這些電子的數目分布很好地記錄了入射光的強度分布。為了保存這些電子，博伊爾和史密斯讓每個感光小單元都配有一個微小的電容。在感光過程結束後，這些小電容裡的電子通過巧妙設計的電路逐排傳遞出去，並轉變成為數位信號。這就是 CCD 的工作原理，而由那些數位信號組成的就是所謂的數位影像。由於 CCD 所用的將電子逐排傳遞出去的方式很像早年消防隊員人工傳遞水桶的情形，因此這種元件也被稱為「桶組式裝置」（bucket brigade device，或譯桶斗鏈元件），如圖 10 所示。

圖 10　CCD「桶組式」傳輸電子的比喻圖

萌生 CCD 設想後的第二年，博伊爾和史密斯就將它用到了攝影機上；1972 年，一家美國公司率先製造出了具有 10000（100×100）個感光單元的 CCD 感測器；1974 年，第一張 CCD 天文相片問世；1975 年，CCD 攝影機達到了可用於電視轉播的水準；1979 年，CCD 被首次安裝到了天文望遠鏡上…… CCD 的發展走上了快車道。近年來，在 CCD 的衝擊及其他因素的影響下，世界最大的底片生產商柯達公司（Eastman Kodak Company）陸續停止了普通底片及底片相機的生產。從某種意義上講，這意味著一個時代——光學攝影時代——的終結。當然，它同時也是一個新時代——數位影像時代——日益成熟的標誌。

那麼，年輕的 CCD 與歷史悠久的普通底片相比究竟有什麼優點呢？主要的優點有兩個：一個是敏感度高，CCD 能對 90%左右的入射光子產生反應，也就是說，100 個入射光子約有 90 個能在 CCD 的感光材料上產生電子，從而得到記錄。而普通底片及肉眼只能記錄其中 1 ～ 2 個（高質量的底片也只能記錄 10 個左右）。另一個是適用範圍廣，CCD 可用於從紅外線到 X 射線的各種波段。而普通底片的適用範圍卻很狹窄，早期的普通底片甚至無法有效地涵蓋可見光區內的紅光，從而使得像褐矮星、紅移值較高的類星體之類偏於長波的天體的發現大大延後。此外，普通底片需要沖洗，這對日常使用來說雖只是小麻煩，但對行星探測器來說可就要了命了，因為行星探測器大都是一去不復返的，不可能將底片帶回地球沖洗。而 CCD 的數位資訊卻可以通過電波傳回地球。我們今天看到的那些美侖美奐的行星圖片，或哈伯太空望遠鏡（Hubble space telescope）拍攝的遙遠星雲都是因為有了 CCD 這只電子眼才成為了可能。對於觀測天文學來說，CCD 是一項能媲美望遠鏡與光譜儀的偉大發明。

光纖通信與 CCD 都是技術成就，但它們對於科學研究同樣是必不可少的。今天的科學家們每天都在通過光纖大動脈交流著研究信息；翱翔在外太空的太空望遠鏡每天都在用 CCD 電子眼窺視著這個讓人著迷的宇宙。從這個意義上講，獲得今年諾貝爾物理學獎的雖是技術領域的工作，卻對科學的發展有著意義深遠的促進。

附錄：獲獎者小檔案

高錕　　博伊爾　　史密斯

・高錕（Charles K. Kao）：擁有英國和美國雙重國籍的華裔科學家，1933 年 11 月 4 日出生於中國上海，1965 年獲倫敦帝國大學（Imperial College London）電子工程學博士學位。高錕曾在英國標準電信實驗室

（Standard Telecommunications Laboratories）、香港中文大學等處任職，1996 年退休，目前居住在美國。

・博伊爾（Willard S. Boyle）：擁有加拿大和美國雙重國籍的科學家，1924 年 8 月 19 日出生於加拿大阿默斯特（Amherst），1950 年獲加拿大麥基爾大學（McGill University）物理學博士學位。博伊爾自 1953 年起在美國貝爾實驗室（Bell Labs）任職，期間曾於 20 世紀 60 年代參與阿波羅登月計畫，1979 年退休，目前居住在加拿大。

・史密斯（George E. Smith）：美國科學家，1930 年 5 月 10 日出生於美國白原市（White Plains），1959 年獲美國芝加哥大學物理學博士學位。史密斯自 1959 年起在美國貝爾實驗室（Bell Labs）任職，期間獲得過幾十項技術專利，1986 年退休，目前居住在美國。

2009 年 10 月 11 日寫於紐約

註釋

① 本文曾發表於《科學畫報》2009 年第 11 期（上海科學技術出版社出版）。

② 由於這三位科學家的出生地及國籍豐富多彩，媒體在報導他們的獲獎消息時充分發揮了靈活性。這三人在美國媒體上是三位美國科學家；在英國媒體上是一位英國科學家與兩位美國科學家；在加拿大媒體上則是一位加拿大科學家與兩位美國科學家。中國媒體自然也不落後，大陸媒體突出高錕的華人血統，香港媒體突出其任職香港中文大學的經歷，臺灣媒體則突出其「中央研究院」院士的身份。

③ 霍克漢姆於 1969 年獲得電子工程學博士學位，一生獲得過 16 項專利。高錕曾在 2004 年的一次訪談中提到，霍克漢姆從事的是理論研究。高錕成為當年那項研究的唯一獲獎者，有可能是因為霍克漢姆當時還只是一位研究生。諾貝爾獎有過忽略研究生的先例，比如英國天文學家休伊什（Anthony Hewish）因脈衝星的發現而獲得了 1974 年的諾貝爾物理學獎，他的學生貝爾（Susan Jocelyn Bell，婚後改姓伯奈爾成為 Jocelyn Bell Burnell）雖然是實際上的發現者，卻沒有獲獎。當然，高錕在那篇論文發表之後又與其他人合作，對其他材料、其他波長的光纖應用進行了研究，為工業界指出了更具體的努力方向，這也很可能是他成為那項研究的唯一獲獎者的原因。

④ 高錕被一些媒體稱為「光纖之父」，不過「光纖之父」之名在此次諾貝爾物理學獎公佈之前，通常是指美籍印度裔科學家卡潘尼（Narinder Kapany），他在 20 世紀 50 年代做過很多光纖方面的工作。另外要提到的是，與高錕的研究同年，德國科學家伯爾納（M. Boerner）也提出了類似的觀點，並在德、英、美等國獲得了專利，不過此人不久後就去世了。

⑤ 用技術性的術語來說，康寧公司將光纖的損耗係數由每公里 1000 分貝減少為了 17 分貝。

⑥ 感光材料的選取標準是在所需的頻率範圍——比如可見光區——內具有顯著的光電效應。

石墨烯—從象牙塔到未來世界①

2010年10月5日，瑞典皇家科學院（The Royal Swedish Academy of Sciences）宣布了2010年諾貝爾物理學獎的得主。荷蘭籍俄裔物理學家蓋姆（Andre Geim）和擁有俄羅斯及英國雙重國籍的物理學家諾沃肖洛夫（Konstantin Novoselov）由於「對二維材料石墨烯的突破性實驗」（for groundbreaking experiments regarding the two-dimensional material graphene）而共同榮獲了這一獎項。

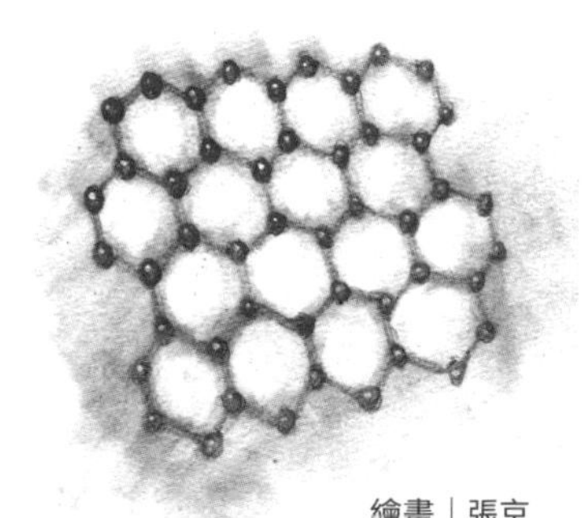

繪畫｜張京

在本文中，我們將對這兩位物理學家的獲獎成果及其意義作一個簡單介紹。

來自象牙塔的新材料

我們先來說明一下什麼是石墨烯。這個名稱中的「石墨」（graphite）二字我們大都不陌生，因為鉛筆的筆芯就是由它和黏土混合而成的。從元素的角度講，石墨是由碳元素組成的。在電子顯微鏡下，我們可以發現石墨的結構是層狀的，每一層的碳原子都排列成緊密的蜂窩狀六邊形網格，層與層之間的距離則比較大，形成鬆散的堆砌②（圖11）。鉛筆之所以在紙上輕輕一劃就會留下痕跡，正是這種鬆散堆砌的結果。那麼石墨烯（graphene）又是什麼呢？它就是單層的石墨。

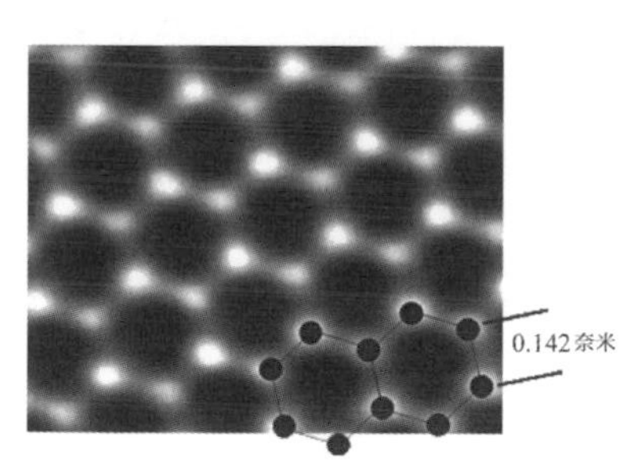

圖11 電子顯微鏡下的石墨烯結構

石墨烯這個名稱是從1987年開始使用的，但在那之前，就已經有人對這種單層原子組成的二維結構產生了興趣，因為這種結構比現實世界裡的三維結構來得簡單，很適合當作例題收錄在教科書裡 ③。通過這種象牙塔式的興趣，人們開始對石墨烯的性質有了一些理論上的瞭解。這種瞭解，加上技術領域對新材料的需求日益旺盛，使人們對石墨烯產生了更現實的興趣，試圖將它由單純的象牙塔物質「提拔」為真實材料。

初看起來，這種「提拔」似乎不會太困難。事實上，當我們用鉛筆在紙上輕輕劃過時，劃痕中就可能會出現單層的石墨——即石墨烯。但問題是，鉛筆的劃痕從微觀角度講實在是太大了，在那裡搜尋石墨烯簡直就像是在整個喜馬拉雅山脈中搜尋一片薄冰，即便找到也只能算是瞎貓碰上了死耗子。而科學家們需要的是系統的方法，是可以複製的成功，這卻是相當困難的。直到 21 世紀初，人們所達到的最好業績——即最薄的石墨片——也只能薄到幾十層原子的水平。

更糟糕的是，有跡象表明，像石墨烯那樣的二維材料有可能是註定只能存在於象牙塔裡的。因為早在 20 世紀 30 年代，著名俄國物理學家蘭道（Lev Landau）等人就已證明，二維材料的熱運動漲落會破壞自身的結構。實驗上製備石墨烯的種種失敗嘗試似乎也在佐證著這一結論，比如石墨層越薄，就越容易卷曲成球狀或柱狀，而無法維持平面結構 ④。因此，製備石墨烯曾被很多人認為是註定無法成功的。

但以蓋姆為核心的實驗組卻不信這個邪，決意嘗試這一看似不可能的任務。這種嘗試對他們來說，乃是一貫作風的延續。因為在蓋姆的實驗組裡，對各種有趣、甚至有趣得近乎荒謬的事情的嘗試已經達到了制度化的程度，他們每星期都幾乎固定地拿出十分之一的時間來做一種所謂的「星期五之夜實驗」（Friday evening experiment），專門嘗試各種稀奇古怪的事情 ⑤。製備石墨烯的工作也是從一個「星期五之夜實驗」開始的。經過一些失敗的嘗試後，他們採用了所謂的「透明膠帶大法」（Scotch tape technique），即用透明膠帶粘住石墨層的兩個面，然後撕開，使之分為兩片。通過不斷重複這一「大法」，並輔以其他手段，他們最終製備出了石墨烯⑥。

蓋姆和諾沃肖洛夫獲獎後，許多媒體推出了渲染性的標題，比如「物理學家用透明膠帶和鉛筆贏得諾貝爾獎」。這種標題容易給人一個錯覺，以為那是一項輕而易舉的工作。事實上，蓋姆實驗組製備石墨烯的過程並不輕鬆，前後持續了一年多的時間，製備出的石墨烯則只有幾平方微米，要用高倍顯微鏡才能觀測。而且由於石墨烯是高度透明的，在觀測及製備過程中還有一個如何分辨的問題。蓋姆實驗組解決這一問題的方法，是巧妙地利用了石墨烯在厚度 300 奈米的二氧化矽晶片襯底上產生的光線干涉效應。這一點是他們勝過其他研究組的關鍵所在。但即便如此，他們當時選用的襯底如果不是二氧化矽而是其他晶片，或者晶片的厚度不是 300 奈米，而是略大或略小，就都有可能無法分辨石墨烯。而他們當時之所以選用了恰到好處的襯底，據諾沃肖洛夫回憶乃是純屬偶然。因此，蓋姆實驗組的成功背後既有長時間的努力和巧妙的構思，也有運氣的成分 ⑦。當然，既然想到了正確的方法，發現合適的襯底應該是遲早的事情，從這點上講，他們的成就並非偶然。

那麼，這種辛辛苦苦製備出來的二維材料在我們這個三維世界裡究竟有什麼用處呢？在現實的用處出現之前，它在理論上的用處就已經吸引了科學家們的興趣。物理學家們早在1956年就發現，托二維世界的福，石墨烯中的電子運動具有很奇特的性質，即電子的質量彷彿是不存在的⑧。這種性質使石墨烯成為了一種罕見的可用於研究所謂相對論量子力學的凝聚態物質——因為無質量的粒子必須以光速運動，從而必須用相對論量子力學來描述。而更奇妙的是，那種相對論量子力學中的「光速」並不是真空中的光速，而只有後者的 1/300。很多科學愛好者也許讀過俄國物理學家伽莫夫（George Gamow）所寫的科普作品《物理世界奇遇記》（Mr. Tompkins in Paperback），在那部作品中伽莫夫設想過一個光速很緩慢的世界。從某種意義上講，石墨烯就是那樣一個世界，它所具有的奇妙性質為理論物理學家們提供了一片研究相對論量子力學的新天地，使他們不僅可以把一些原先要用巨型加速器來研究的問題搬到自己的小型實驗室裡，而且還可以研究一些用巨型加速器都未曾有機會透徹研究的東西，比如所謂的克萊因佯謬（Klein's paradox）或相對論量子力學特有的所謂「顫振」（zitterbewegung）效應，甚至還可以研究彎曲空間裡的相對論量子力學——因為在石墨烯這個舞臺上，彎曲空間不過就是彎曲的石墨烯而已。這些理論研究不僅題材新穎，而且還特別便於觀測，因為石墨烯是二維的，所有現象都出現在表面上，不會像三維材料中的現象那樣有可能跑到物質內部去。

除了成為研究相對論量子力學的新天地外，石墨烯還具有所謂的量子霍耳效應（quantum Hall effect），這種本身就是諾貝爾獎量級的重要效應以往是要在極低溫下才能顯現的，石墨烯卻能將它帶到室溫下。諾沃肖洛夫在接受媒體採訪時曾經表示，要讓物理學家們改變自己的研究方向，必須用比他們所研究的有趣十倍的東西來引誘。石墨烯對很多理論物理學家來說看來就具有那樣的魅力，因而吸引了眾多的追隨者。

通往未來世界的金橋

但石墨烯最吸引人的地方還在於它在現實世界裡的可能應用。由於石墨烯的結構極為緊密和嚴整，哪怕在室溫下都幾乎沒有任何缺陷，最大限度地發揮了眾原子「集體的力量」，這使它不僅有比同等尺寸的鋼鐵還高兩個數量級的強度，而且還有普通剛性材料難以企及的韌性，可以拉伸 20%而不斷裂。顯示這種性質的流傳最廣的圖片，是一幅貓躺在石墨烯製成的吊床上休息的想像圖。這種由單層原子製成的吊床居然可以承受宏觀物體的重量，無疑是令人驚歎的。那幅圖片不夠確切的地方，是沒能顯示出石墨烯的超薄特性。

由於石墨烯的透光率高達 97. 7% ⑨，厚度卻只有單層原子，因此如果真有那樣的吊床，它不僅對於肉眼，甚至對於很多儀器都會是不可見的，我們看到的將是一隻懸停在半空中的貓，就像《愛麗絲夢遊仙境》（Alice's Adventures in Wonderland）裡那只柴郡貓（Cheshire cat，又稱笑臉貓）的笑容一樣。

石墨烯如果只用來製作吊床，那顯然是大材小用了。它更重要的可能應用是製成超薄、超輕、超強的材料，用於飛機、火箭、防彈衣等對材料性質要求極高的產品中。而它最能扣動人們想像之弦的可能應用，則是所謂的太空電梯。這種早在 1895 年就由火箭理論的先驅者、俄國科學家齊奧爾科夫斯基（Konstantin Tsiolkovsky）提出過的迷人設想，一直面臨著一個致命問題，那就是找不到具有足夠強度的材料來支撐長度達幾萬公里的巨型結構。石墨烯的出現使很多人重新燃起了希望。

除上述可能應用外，石墨烯的另一類可能應用則倚仗於它的電子運動性質。如我們在前面所述，石墨烯中的電子運動具有很奇特的性質，比如電子的質量彷彿是不存在的，而運動速度是所謂的「光速」。這些特性，加上石墨烯結構在常溫下的高度完美性，使得電子的傳輸及對外場的反應都超級迅速，幾乎達到了人們夢寐以求的境界。體現到物理性質上，這使得石墨烯具有超常的導電性和導熱性。這種性能既體現在純淨的石墨烯中，也可以部分地體現在含有石墨烯的複合材料中。而且更重要的是，石墨烯還可以用來製作電晶體，由於石墨烯結構的高度穩定性，這種電晶體在接近單個原子的尺寸上依然能穩定地工作。相比之下，目前勇挑大樑的以矽為材料的電晶體在 10 奈米（相當於幾十層原子）左右的尺度上就會失去穩定性；而石墨烯中電子對外場的反應速度超快這一特點，又使得由它製成的電晶體可以達到極高的工作頻率。事實上，IBM 公司在 2010 年 2 月就已宣布將石墨烯電晶體的工作頻率提高到了 1000 億赫茲，超過了同等大小的矽電晶體 ⑩。很多人相信，石墨烯將會成為矽的接班人，引領技術領域一個新的微縮時代的來臨。

石墨烯的可能應用還有很多，比如它除了具有超高的強度和韌性外，還有不透水、不透氣，以及抵禦強酸、強鹼的能力，這使它有可能成為製作保護膜的理想材料。而石墨烯既能導電又高度透明的特點，則使它有可能在製作液晶螢幕、觸控螢幕、太陽能電板等領域大顯身手。此外，用石墨烯製作的能快速充電的電池、容量超高的電容、能檢測單個污染物分子的污染探測器、能用於量子電腦的特殊元件等，也都在構想或研製之中。

石墨烯從製備到獲獎只用了短短六年的時間，與動輒要回溯幾十年去「考古」的前幾年的獲獎成果相比，是非常快的。但在這六年裡，由它開啟的研究領域呈現了爆炸性的趨勢，幾乎每個月都有新興的研究方向被開闢出來。也許在不太遙遠的將來，我們會開著由石墨烯電池驅動的車子去上班，在由石墨烯太陽能板提供能源的辦公室裡，用「內含石墨烯」（Graphene Inside ——取代 Intel Inside）的電腦從事工作。在假日裡——如果有閒錢的話——我們也許還可以乘坐用石墨烯材料建造的太空電梯去地球同步軌道欣賞地月同輝的奇景。這一切奇思妙想都得益於六年前的那項工作。在有關未來世界的構想中，很少有一種材料能像石墨烯那樣大範圍、跨領域地激發人們的想像力，並使人們因為看到實實在在的希望而有可能投入實實在在的努力。從這個意義上講，它彷彿一座通往未來世界的金橋。

附錄：獲獎者小檔案

蓋姆

諾沃肖洛夫

・蓋姆（Andre Geim）：荷蘭籍俄裔物理學家，1958 年 10 月 1 日出生於俄國城市索契（Sochi），1987 年獲俄國科學院固體物理研究所博士學位。自 1990 年起，蓋姆先後在英國諾丁漢大學（University of Nottingham）、丹麥哥本哈根大學（University of Copenhagen）、英國巴斯大學（University of Bath）、荷蘭奈美根大學（Radboud University Nijmegen）等地工作過。2001 年，蓋姆成為英國曼徹斯特大學（University of Manchester）物理學教授，並於 2002 年起擔任曼徹斯特介觀科學及奈米技術中心（Manchester Centre for Mesoscience and Nanotechnology）主任。

・諾沃肖洛夫（Konstantin Novoselov）：擁有俄羅斯及英國雙重國籍的物理學家，1974 年 8 月 23 日出生於俄國城市尼茨塔吉爾（Nizhny Tagil），2004 年獲荷蘭奈美根大學博士學位。諾沃肖洛夫是蓋姆的學生及長期合作者，自 2001 年起，與蓋姆一起在英國曼徹斯特大學工作。諾沃肖洛夫是自 1973 年以來最年輕的諾貝爾物理學獎得主。

2010 年 10 月 11 日寫於紐約

註釋

① 本文曾發表於《科學畫報》2010 年第 11 期（上海科學技術出版社出版）。

② 石墨每一層上的碳原子間距約為 0. 142 奈米，層與層的間距則為 0. 335 奈米，後者是依靠微弱的凡得瓦力（van der Waals force）結合起來的，因而是鬆散的堆砌。

③ 當然，這裡所謂的「二維」不是幾何上的二維，而僅僅是指垂直方向上的物理自由度可以忽略的情形。

④ 不過那種球狀或柱狀的結構對於石墨烯的製備來說雖是「麻煩製造者」，本身卻都是絕頂的好東西：前者是所謂的富勒烯（fullerene），它的發現者獲得了 1996 年的諾貝爾化學獎；後者則是大名鼎鼎的奈米管（nanotube），也是

一種令人著迷的新材料。

⑤ 蓋姆曾經因為在這種「星期五之夜實驗」中進行過「磁懸浮青蛙」實驗，而獲得了 2000 年的搞笑諾貝爾物理學獎（Ig Nobel Prize in Physics）。他是迄今唯一一位同時獲得過搞笑諾貝爾獎和諾貝爾獎的人。

⑥ 有讀者可能會問：既然蘭道曾經證明過二維材料的漲落會破壞物質結構，怎麼還可能製備出石墨烯呢？答案是，蘭道的證明是針對大面積（理論上是無窮大）的體系的，而人們最初製備的石墨烯只有幾平方微米。另一方面，蘭道的證明考慮的是嚴格的平面，而真實的石墨烯會在三維空間裡波動，從而耗散掉一部分漲落能量。因此石墨烯的出現雖然出人意料，卻不是不可理解的。

⑦ 製備石墨烯——尤其是大樣品——的難度還可以從另一個角度來印證，那就是石墨烯的價格。直到 2008 年 4 月，石墨烯的價格依然高到令人瞠目的每平方公分一億美元，堪稱史上最貴的材料。不過最近兩年，人們製備石墨烯的能力已突飛猛進，最大樣品的長度已超過 70 公分，價格也已暴跌（因此千萬不要囤積石墨烯，它很重要，但絕不可能使你發財）。

⑧ 確切地說，那並非電子，而是電子與石墨烯晶格交互作用所產生的準粒子（quasi- particle），是石墨烯的低能激發態。

⑨ 石墨烯的這個透光率（對應於吸收率 2.3%）是一個漂亮的理論結果，精確公式為 $(1+\pi\alpha/2)^{-2}$，其中 $\alpha \approx (1/137)$ 是所謂的精細結構常數。很多媒體引用的是這一公式的近似式：$1-\pi\alpha$。

⑩ IBM 所宣稱的 1000 億赫茲其實是「適度浮誇」的結果，實際試驗中所達到的頻率約為 300 億赫茲。

囚禁的量子，開放的應用①

2012 年 10 月 9 日，一位 68 歲的法國老人與妻子在街頭散步，當他們路過一條街邊的長椅時，電話忽然響起，老人被告知獲得了諾貝爾物理學獎。同樣被「攪擾」的還有大西洋彼岸的一位也是 68 歲的美國老人，電話響起時他還在睡夢中，但無論什麼夢也沒有電話裡的消息更美：他也獲得了諾貝爾物理學獎。

這兩位天各一方，但恰巧同歲的老人分別是法國物理學家阿羅什（Serge Haroche）和美國物理學家瓦恩蘭（David Wineland），之所以獲獎，是因為他們實現了「使得對單個量子體系的測量與操控成為可能的突破性實驗方法」（for ground-breaking experimental methods that enable measuring and manipulation of individual quantum systems）。他們將共同分享崇高的榮譽，以及雖因金融危機而縮水，但數量依然可觀的 800 萬瑞典克朗（約合 110 萬美元）的獎金②。

在本文中，我們將對這兩位物理學家的工作及其意義作一個簡單介紹。

小有小的麻煩

美國物理學家費曼曾以一個有趣的問題作為《費曼物理學講義》（The Feynman Lectures on Physics）的開篇，那就是：假如因為某種災變，在所有科學知識中只有一句話能傳之於後代，什麼話能用最少的文字包含最多的資訊？費曼認為，那應該是所謂的「原子假設」，即所有物質都是由原子組成的③。不過，這句話包含的資訊雖多，要想破譯卻並不容易。事實上，早在兩千多年前的古希臘就有先賢猜測過物質是由原子組成的（「原子」一詞的英文 atom 就來自希臘文：ἄτομος，含義為「不可分割的」），但直到 18 世紀才開始有了現代意義下的原子理論，而原子的真正奧秘，則直到 20 世紀才開始揭曉。

為什麼呢？因為原子實在太小了，既看不見，也摸不著。

如今我們知道，原子並非是「不可分割的」，它由更基本的粒子所組成，並且與那些粒子一樣，遵守一種被稱為量子力學（quantum mechanics）的奇妙規律。這種規律與我們習以為常的宏觀世界的規律完全不同，在發現之初曾帶給物理學家們極大的震動。直到很多年後，當那種規律逐漸褪去新鮮的外衣，甚至已變成物理系學生的常識時，想在最直接的意義上體驗它們仍是極為困難的事情。

為什麼呢？依然是因為原子實在太小了，既看不見，也摸不著。

由於這一原因，物理學家們對原子——或者更一般的，對量子體系——的很多觀測都不是針對單個原子（或量子體系）的。比如他們觀測的原子光譜乃是由很多原子共同發射的。而在有條件觀測單個原子（或量子體系）的實驗中，由於觀測對象太小，往往觀測一結束，觀測對象本身也就「人間蒸發」或「香消玉殞」了，比如用雲室或氣泡室（這兩者的發明者分別獲得了 1927 年和 1960 年的諾貝爾物理學獎）觀測粒子，或用照相設備觀測光子就都是如此。

圖 12　瓦恩蘭和阿羅什完成了近乎「不可能的任務」的壯舉

那麼，有沒有什麼辦法，能夠觀測甚至操控單個量子體系，同時還讓它繼續存在（從而還可以繼續觀測或操控）呢？瓦恩蘭和阿羅什——在他們各自同事的鼎力合作下——所解決的正是這個問題。他們憑藉高超的實驗技巧，將單個量子體系囚禁起來，然後用細微而巧妙的「探針」去觀測甚至操控它，從而完成了近乎「不可能的任務」（mission impossible）的壯舉，為上述問題提供了肯定答案（圖 12）。

下面我們就對他們的方法做一個簡單介紹。

囚禁的量子

瓦恩蘭採用的方法是將單個的離子（離子是失去或得到若干電子——從而帶電——的原子），比如鈹離子 Be^{+}（它是失去一個電子的鈹原子），利用其帶電的特徵，囚禁在用電磁場組成的「牢籠」中，然後以光子作「探針」去探測和操控它。這話說起來簡單，實現起來卻極不容易，單是那「牢籠」——它的「學名」叫做離子阱（ion trap）——本身就已是一個諾貝爾獎級別的成就（它的實現者獲得了 1989 年的諾貝爾物理學獎）④。為了確保被囚禁的是單個（或少數幾個）離子，還需要輔以超高真空（以便排除其他粒子的干擾）和超低溫（以便排除熱運動的干擾）等技術。其中後者採用的乃是瓦恩蘭與同事親自參與研發的絕活：邊帶冷卻技術（sideband cooling）⑤。當這些極不簡單的配置完成之後，瓦恩蘭又通過雷射脈衝（光子），將被囚禁離子的內部狀態（即電子能態）疊加起來。這種狀態疊加是量子力學有別於古典物理的奇妙特徵，科普讀物中常見的諸如「粒子既在這裡，又在那裡」、「貓既是死的，又是活的」，等等吸睛的表述都源自於此。但瓦恩蘭能做到的還不止這些，通過對雷射脈衝的巧妙選擇，他還可以對狀態疊加的方式進行操控，比如將離子內部狀態的疊加轉變為外部狀態（即離子在「牢籠」內的振動狀態）的疊加，甚至將一個離子的狀態疊加轉變為另一個離子的狀態疊加。

與瓦恩蘭的方法幾乎恰好相反，阿羅什的囚禁物是被瓦恩蘭當作「探針」的光子，而「探針」則類似於瓦恩蘭的囚禁物，是一種被稱為芮得柏原子（Rydberg atom）的特殊原子，它的電子處於很高的能態上，從而使整個原子「發胖」到驚人的程度。比如阿羅什所用的銣（Rb）原子就「發胖」到了普通銣原子的 500 倍左右⑥。在阿羅什的方法中，囚禁光子所用的是以超導材料鈮（Nb）製作的一對相距 2.7 公分的球面鏡，這對球面鏡的工藝極為高超，構成了一個反射性質近乎完美的空腔

（cavity）。光子在其中可以被反射十幾億次而不被吸收（在這過程中走過的總距離可以繞地球一圈）。在這些同樣極不簡單的配置完成之後，阿羅什又通過特殊空腔中的電磁波，使作為「探針」的芮得柏原子處於兩個電子能態的疊加之中，並使之以可控制的速度穿越囚禁了光子的空腔。在這裡，阿羅什做了另一個巧妙安排，使被囚禁光子的能量與芮得柏原子所能吸收的能量稍稍錯開，從而保證光子不會被芮得柏原子所吸收（別忘了，這一整套方法的使命之一就是保障量子體系繼續存在）。而更巧妙的是，儘管光子不會被吸收，它與芮得柏原子的交互作用仍能對後者產生影響，改變後者那兩個疊加能態間的相位。這樣，阿羅什就可以通過研究穿越後的芮得柏原子那兩個疊加能態間的相位，而獲得有關被囚禁光子的某些資訊（比如光子的數目）。

上述兩種方法的實現無疑都需要極高超的技術。不過，此類「工藝性」的工作要想獲得諾貝爾獎，通常還需滿足一個額外條件，那就是具有應用價值。此次獲獎的工作很好地符合了這一條件，因為其所實現的「使得對單個量子體系的測量與操控成為可能的突破性實驗方法」在理論與實用上都有著重要應用。

開放的應用

在理論上，對一個量子體系進行觀測或操控，同時還讓它繼續存在，使得人們設計出了一些巧妙的實驗，來觀測量子體系狀態演變的過程（以往的實驗由於是「一錘子買賣」，對被觀測體系具有「毀滅性」，從而無法做到這一點），甚至觀測使一些物理學家深感困惑的量子體系的狀態因為與外部環境的交互作用而往古典狀態過渡的過程，其中包括對大名鼎鼎的「薛丁格的貓」（Schrödinger's cat）的生死過程的觀測 ⑦。那樣的實驗已經有人做了。比如阿羅什本人的研究組就於 2008 年做了那樣的實驗，甚至將觀測到的量子狀態往古典狀態過渡的過程製成了「影片」。

在實用上，此次獲獎工作最引人注目的應用是在量子電腦領域。這是近年來被討論得很多的領域，在樂觀者看來，量子電腦若成為現實，對社會的變革將不亞於如今的電腦在過去幾十年所帶來的變革。不過，量子電腦的理論雖然美麗，面臨的技術困難卻極為巨大，其中一個很大的困難就是作為核心元件的量子體系必須能單個地、不受破壞地被測量與操控，而且各個量子體系的狀態還必須能相互傳遞（就像古典電腦必須能在各元件間傳遞資訊一樣）。這個困難在過去幾乎是難以克服的，此次的獲獎工作卻為之帶來了曙光，比如瓦恩蘭所實現的對狀態疊加的操控，以及狀態疊加在不同離子間的相互轉變，就正是克服上述困難所需要的技術。這一點瓦恩蘭本人也看得很清楚——事實上，他的研究組早已展開了這方面的探索，甚至在一定程度上構造出了量子電腦的雛形，實現了最簡單的邏輯運算。一些其他實驗組也正在積極努力之中。當然，這一切距離真正有實用價值的量子電腦還相差很遠。

此次獲獎工作的另一項很有價值的應用是建造超高精度的新型時鐘。這一應用雖不像量子電腦那樣富有未來色彩，所取得的進展卻要扎實得多。瓦恩蘭所任職的美國國家標準技術研究所正是這方面的「領頭羊」。在這一應用中，用瓦恩蘭所實現的方法囚禁起來的，工作頻率（即作為計時基礎的兩個能級之間的量子躍遷的頻率）在光學波段的離子，取代了傳統原子鐘所採用的、工作頻率在微波波段的銫（Cs）原子。目前，這種新型時鐘已經達到了比傳統銫原子鐘高兩個數量級的精度。在那樣的精度下，哪怕從宇宙大爆炸之初開始計時，迄今的累計誤差也只有區區幾秒。

這些或已成為現實，或仍處於開放的想像空間裡的應用，使此次的獲獎工作有可能對未來科學與技術的發展產生深遠影響。

附錄：獲獎者小檔案

瓦恩蘭　　阿羅什

．瓦恩蘭（David Wineland）：美國物理學家，1944 年 2 月 24 日出生於美國威斯康辛州的密爾沃基（Milwaukee），1970 年獲哈佛大學（Harvard University）物理學博士學位，目前在美國科羅拉多州的國家標準技術研究所（National Institute of Standards and Technology）任職。瓦恩蘭的主要研究方向為量子光學（quantum optics）及其應用。

．阿羅什（Serge Haroche）：法國物理學家，1944 年 9 月 11 日出生於當時受法國控制的摩洛哥城市卡薩布蘭加（Casablanca），1971 年獲巴黎第六大學（Université Pierre et Marie Curie）的物理學博士學位，目前在法國巴黎（Paris）的法蘭西公學院（Collège de France）任教。阿羅什的主要研究方向為量子光學及其應用。

2012 年 10 月 11 日寫於紐約

註釋

① 本文曾發表於《科學畫報》2012 年第 11 期（上海科學技術出版社出版）。

② 在過去若干年裡，每個獎項的獎金為 1000 萬瑞典克朗。

③ 這裡我們稍稍偷了點懶，費曼想要傳給後代的話還包括了原子處於永恆的運動之中，以及它們太過靠近時彼此排斥，稍稍遠離時彼此吸引這幾點。

④ 確切地說，最常用的離子阱有兩種，一種叫做潘寧阱（Penning trap），另一種叫做保羅阱（Paul trap），他們的實現者分享了 1989 年的諾貝爾物理學獎。瓦恩蘭所使用的是保羅阱。

⑤ 邊帶冷卻技術簡單地說，是用能量為 $\omega_i - \omega_v$（其中 ω_i 為離子的內部能級差，ω_v 為離子在「牢籠」內的振動能級差）的光子，將處於振動能級 $n > 0$ 的離子激發到內部能級更高，但振動能級只有 $n - 1$ 的狀態上（因為那樣的光子只能將離子激發到那樣的狀態），然後讓離子自行躍回原先的內部能級。由於離子在躍回過程中會優先維持振動能級不變，因此過程終了時離子的內部能級不變，振動能級卻降為了 $n - 1$。重複這一過程（在必要時針對所需要的內部能級差調整光子能量），可以使振動能級最終降為基態 $n = 0$，從而達到冷卻的目的。

⑥ 阿羅什所用的「發胖」後的銣原子的尺寸約為 125 奈米（nm），而普通銣原子的尺寸約為 0.25 奈米。

⑦ 當然，這是誇張的說法，事實上那貓被「掉包」成了一個量子體系，從而偏離了薛丁格拿貓「開刀」的本意——即通過引進作為宏觀客體的貓，而彰顯量子測量過程的佯謬性。不過包括諾貝爾委員會（Nobel Committee）提供的獲獎工作介紹在內的大量資料和報導都已迫不及待地引入了「薛丁格的貓」一詞。作為科普，我們姑且「從眾」，但在這裡略做說明，以圖確切。

第三部分　星際旅行漫談

BECAUSE STARS ARE THERE:
BRICKS AND TILES OF THE TEMPLE OF SCIENCE

因為星星在那裡

Space, the final frontier!

StarTrek: The Next Generation

試圖挑戰自然的人常會被問到為什麼要用自己的生命去冒險。我有一位酷愛登山的朋友，一同在哥倫比亞大學（Columbia University）念研究生期間的某個夏天，他登上了北美洲的最高峰——海拔 6194 公尺的麥金利峰（Mount McKinley）。我在系裡遇見了剛從雪域高原回來的他。銳利的紫外線灼黑了他的皮膚，使我幾乎認不出來，但一種敬意在我心中油然而生。我沒有問他為什麼要去登山，我知道登山家有一句震撼人心的名言：因為山在那裡（Because it's there）。

小時候喜歡看星星，常可以看上幾個小時不知倦怠。我知道天空中幾乎每一顆小小的星星都要比我們腳下這個看似巨大的藍色星球大上數百萬倍，「大」與「小」竟以如此瑰麗的方式相互嵌套，那是何等的深邃和奇異啊！

30 年前的 1972 年，人類向外太陽系發射了名為「先鋒 10 號」（Pioneer 10）的行星探測器。一年後又發射了它的姊妹探測器「先鋒 11 號」（Pioneer 11）。它們已先後飛出了我們的太陽系（如果以冥王星軌道作為太陽系邊界的話）。目前「先鋒 10 號」大約在距地球 120 億公里之外，正向著 65 光年外的金牛座（Taurus）的畢宿五（Aldebaran）星飛去，以目前的速度計算將在約 200 萬年後抵達。「先鋒 11 號」則將在約 400 萬年後掠過天鷹座（Aquila）的一顆恆星。

200 萬年對人類來說是一段過於漫長的時間：200 萬年前人類還過著茹毛飲血的穴居生活；200 萬年後當「先鋒 10 號」迎來自己孤獨航程中第一縷耀眼的異星光芒時，人類也許早已在愚昧的戰亂中成為了無言的化石。

登山家面對的是以人類微薄的體力去挑戰大自然的偉岸，星際旅行家面對的則是以人類短暫的生命去跨越星際間幾乎無限的距離。人類的平均壽命在過去幾十年間雖然有所增長，但自然衰老依然是無可抗拒的規律。即使在基因圖譜逐漸被揭開的今天，也沒有跡象表明人類的壽命會在可預見的將來獲得數量級上的延長。

從邏輯上講，要讓星際旅行家用短暫的生命去跨越近乎無限的時空，不外乎有兩類方案：一類是從星際旅行家本身入手，設法在各種意義下延長其生命；另一類是從時空入手，設法利用或改變其結構，達到縮短空間距離或突破速度極限的目的。具體地講，常見的設想有以下幾種：

從星際旅行家本身入手的方案：

- 用極低溫「冷凍」的方法延長生命。
- 用巨型太空站代替飛船，以群體繁衍的生命取代個體的生命。
- 建造飛行速度接近光速的飛船，利用相對論的時間延緩效應達到延長生命的目的。
- 將星際旅行家分解為基本粒子流或資訊流以光速或接近光速的速度傳播，並在目的地複現乘員。

從時空入手的方案：

- 通過「蟲洞」（wormhole）實現時空間的「捷徑」（short-cut）旅行。
- 通過「曲速引擎」（warp drive）實現「超光速」旅行。

「星際旅行漫談」這個系列的文章將以目前所知的物理學規律為依據，來討論其中的若干種方案，無論它們是出自科學家、工程師還是科幻小說家之手。

這些方案是人類探索璀璨星空的夢想的延續。

自遠古以來這種夢想就以這樣那樣的方式存在著，歷經無數的磨難和挫折，卻從來不曾消失過。

因為人類的好奇心不可磨滅，因為星星在那裡。

2002 年 7 月 24 日寫於紐約
紀念「先鋒 10 號」發射 30 周年

火箭：宇航時代的開拓者

引言

繪畫｜張京

這個星際旅行系列原本是為了討論未來的星際旅行技術而寫的。不過今天卻要來討論一種比較「土」的技術：火箭。之所以討論火箭，主要的原因有兩個：一個是因為我國的第一艘載人飛船「神舟五號」即將發射 ①，在這個中國太空人即將叩開星際旅行之門的時刻，我們這個系列不應缺席，也不應讓火箭這位宇航時代勞苦功高的開拓者在這個系列中缺席。另一個是因為火箭雖然是一種不那麼「未來」的技術，但在我和讀者諸君能夠看得到的未來，承載人類星際旅行之夢的技術很有可能仍然是火箭這匹識途的老馬。

宇宙速度

火箭理論的先驅、俄國科學家齊奧爾科夫斯基（Konstantin Tsiolkovsky， 1857-1935 年）有一句名言：「地球是人類的搖籃。但人類不會永遠躺在搖籃裡，他們會不斷探索新的天體和空間。人類首先將小心翼翼地穿過大氣層，然後再去征服太陽周圍的整個空間。」

星際旅行是一條漫長而坎坷的征途，人類迄今在這征途上所走過的部分幾乎恰好就是「征服太陽周圍的整個空間」，而這征途上的第一站也正是「穿過大氣層」②。

在人類發射的太空載具中，數量最多的就是那些剛剛好「穿過大氣層」的太空載具——人造衛星，迄今已發射了數以千計。其中第一顆是 1957 年 10 月 4 日從蘇聯的拜克努爾航太發射場（Baikonur Cosmodrome）發射升空的「史波尼克一號」（Sputnik 1）。

從運動學上講，這些人造衛星的飛行軌跡與我們隨手拋擲的一塊石頭的飛行軌跡是屬於同一類型的。我們拋擲石頭時，拋擲得越快，石頭飛得就越遠，石頭飛行軌跡的彎曲程度也就越小。倘若石頭拋擲得如此之快，以致於飛行軌跡的彎曲程度與地球表面的彎曲程度相同，石頭就永遠也不會落到地面了 ③。這樣的石頭就變成了一顆環繞地球運轉的小衛星，這一點早在牛頓（Isaac Newton，1642-1727 年）的《自然哲學的數學原理》（Mathematical Principles of Natural Philosophy）中就有過精彩的圖示（圖 13）。一般地講，石頭也好，衛星也罷，它們的飛行軌跡都是橢圓 ④。對於石頭來說，如果拋擲得不夠快，那它很快就會落到地面，從而我們就只能看到橢圓軌道的一個極小的部分，那樣的部分近似於一段拋物線（感興趣的讀者請自行證明這一點）。

圖 13 牛頓《自然哲學的數學原理》的插圖

那麼，一塊石頭要拋擲得多快才能不落回地面呢？或者說一枚火箭要能達到什麼樣的速度才能發射人造衛星呢？這個問題的答案很簡單

——尤其是對於圓軌道的情形。在圓軌道情形下，假如軌道的半徑為 r，衛星的飛行速度為 v ⑤，則維持衛星飛行所需的向心力為 $F = mv^2/r$（m 為衛星質量），這一向心力來源於地球對衛星的引力，其大小為 $F = GMm/r^2$（M 為地球質量）。由此可以得到 $v = (GM/r)^{1/2}$。假如衛星軌道很低（即軌道離地球表面很近），則 r 約等於地球半徑 R，由此可得 $v \approx 7.9$ 公里／秒。這個速度被稱為「第一宇宙速度」（first cosmic velocity），它是人類邁向星空所要達到的最低速度。

不過，細心的讀者可能會從上面的計算結果中提出一個問題，那就是 $v = (GM/r)^{1/2}$ 隨著軌道半徑的增加反而在減小，這說明軌道越高的衛星飛行速度越小。但是直覺上，把東西扔得越高難道不應該越困難嗎？再說，倘若把衛星發射得越高所需的速度反而越小，那麼 $v \approx 7.9$ 公里／秒這個「第一宇宙速度」 豈不就不再是發射人造衛星所要達到的最低速度了？這些問題的出現，表明對於發射衛星來說，衛星的飛行速度並不是所需考慮的唯一因素。那麼，還有什麼因素需要考慮呢？答案是很多，其中最重要的一個是重力位能。事實上描述發射衛星困難程度的更有價值的物理量不是衛星的飛行速度，而是發射所需的能量，也就是把衛星從地面上的靜止狀態送到軌道上的運動狀態所需提供的能量。因此我們改從這個角度來分析。在地面上，衛星的動能為零 ⑥，位能為 $-GMm/R$，總能量為 $-GMm/R$；在軌道上，衛星的動能為 $mv^2/2 = GMm/2r$（這裡運用了前面得到的 $v = (GM/r)^{1/2}$），位能為 $-GMm/r$，總能量為 $-GMm/2r$。因此發射衛星所需的能量為 $GMm/R - GMm/2r$。這一能量相當於把衛星加速到 $v = [GM(2/R-1/r)]^{1/2}$ 所需的能量。由於 $r > R$，這一速度顯然大於 $v = (GM/r)^{1/2} \approx 7.9$ 公里／秒（而且也符合軌道越高發射所需能量越多這一「直覺」）。這表明「第一宇宙速度」的確是發射人造衛星所需的最低速度，**只不過它表示的並不是衛星的飛行速度，而是火箭提供給衛星的能量所對應的等價速度**。在發射衛星的全過程中，火箭本身的飛行速度完全可以在任何時刻都低於這一速度。

上面的分析是針對圓軌道的，那麼橢圓軌道的情況如何呢？在橢圓軌道上，衛星的飛行速度不是恆定的，分析起來要困難一些，但結果卻同樣很簡單，衛星在橢圓軌道上的總能量仍然為 $-GMm/2r$，只不過這裡 r 表示所謂的「半長軸」，即橢圓軌道長軸長度的一半。因此上面關於「第一宇宙速度」是發射人造衛星所需的最小（等價）速度的結論對於橢圓軌道也成立，是一個普遍的結論。

在人造衛星之後，下一步當然就是要把太空載具發射到更遠的地方——比方說月球上。為了實現這一步，火箭需要達到的速度又是多少呢？這個問題的答案也很簡單，不過在回答之前先要對「更遠的地方」做一個界定。所謂「更遠的地方」，指的是離地心的距離遠比地球半徑（約為 6.4×10^3 公里）大，但又遠比地球與太陽之間的距離（約為 1.5×10^8 公里）小。之所以要有後面這一限制，是因為在討論中我們要忽略太陽的重力場 ⑦。由於太空載具離地心的距離遠比地球半徑大，因此與發射前在地面上的重力位能相比，它在發射後的重力位能可以被忽略；另一方面，由於太空載具不再做環繞地球的運動，其動能也就不再受到限制，最小可能的動能為零。（請讀者想一想，這一動能是相對於什麼參考系的？）因此發射後太空載具的最小總能量近似為零。由於發射前太空載具的總能量為 $-GMm/R$，因此需要由火箭提供給太空載具的能量為 GMm/R，相當於把太空載具加速到 $v=(2GM/R)^{1/2}\approx 11.2$ 公里／秒的速度。這個速度被稱為「第二宇宙速度」（second cosmic velocity），有時也被稱為擺脫地心引力束縛所需的速度，它也是一個等價速度。

更進一步，倘若我們想把太空載具發射得更遠些，比方說發射到太陽系之外——就像本系列序言中所提到的「先鋒號」（Pioneer）探測器一樣，火箭需要達到的速度又是多少呢？這個問題比前兩個問題要複雜一些，因為所涉及的因素有地球與太陽兩個星球的重力場，以及地球本身的運動。從太陽重力場的角度看，這個問題所問的其實就是在地球軌道所在處、相對於太陽的「第二宇宙速度」，即 $v=(2GM_S/R_{SE})^{1/2}$（其中 M_S 為太陽質量，R_{SE} 為地球軌道的半徑，也即太陽與地球之間的距離）⑧。這一速度大約為 42.1 公里／秒。相對與第一、第二宇宙速度來說，這是一個很大的速度。但幸運的是，我們的地球本身就是一艘巨大的「太空船」，它環繞太陽飛行的速度約為 29. 8 公里／秒。因此，如果太空載具是沿著地球軌道運動的方向發射的，那麼在遠離地球時它相對於地球只要有了 $v' = 42.1 - 29.8 = 12.3$ 公里／秒的速度就行了。在地心參考系中，發射這樣的一個太空載具所需要的能量為 $mv'^2/2 + GMm/R$（其中後一項為克服地球重力場所需要的能量，即前面計算過的把太空載具加速到第二宇宙速度所需要的能量），相當於把太空載具加速到 $v \approx$ 16. 7 公里／秒的速度。這一速度被稱為「第三宇宙速度」（third cosmic velocity），有時也被稱為擺脫太陽引力束縛所需的速度，它同樣也是一個等價速度，而且還是針對在地球上沿地球軌道運動方向發射太空載具這一特殊情形的。

以上三個「宇宙速度」就是迄今為止火箭技術所跨越的三個階梯。在關於 「第三宇宙速度」的討論中我們看到，行星本身的軌道運動速度對於把太空載具發射到遙遠的行星際及恆星際空間是很有幫助的。這種幫助不僅在發射時可以大大減少發射所需的能量，而且對於飛行中的太空載具來說，倘若巧妙地安排航線，也可以起到「借力飛行」的作用，比如「航海家號」就曾利用木星的重力場及軌道運動速度來進行加速。

齊奧爾科夫斯基公式

在上節中我們討論了為發射不同類型的太空載具，火箭所要達到的速度。與火箭之前的各種技術相比，這種速度是很高的。在早期的科幻小說中，人們曾設想過用所謂的「超級大炮」來發射載人太空載具。其中最著名的是法國科幻小說家凡爾納（Jules Verne，1828-1905 年）的作品。凡爾納在 1865 年發表的小說《從地球到月球》（From the Earth to the Moon）中曾經讓三位太空人擠在一枚與「神舟號」飛船的軌道艙差不多大的特製炮彈中，用一門炮管長達 900 英尺（約 300 公尺）的超級大炮發射到月球上去（最終沒能擊中月球，而成為了環繞月球運動的衛星）。不過，凡爾納雖有非凡的想像力，卻似乎缺乏必要的物理學及生理學知識。他所設想的超級大炮若真的在 300 公尺的炮管內把「炮彈」加速到 11. 2 公里／秒（第二宇宙速度），則「炮彈」的平均加速度必須達到 200000 公尺／秒 ^{2} 以上，也就是 20000g（$g \approx 9.8$ 公尺／秒 ^{2} 為地球表面的重力加速度）以上。但是脆弱的人類身體所能承受的最大加速度只有不到 10g。這兩者之間的巨大差異無疑是災難性的，因此凡爾納的炮彈雖然製作精緻，乘坐起來卻一點也不會舒適。不僅不會舒適，且有性命之虞。事實上，英勇的太空人們在「炮彈」出膛時早就變成了肉餅，炮彈最後有沒有擊中月球對他們都已不再重要了。而且若炮彈真的擊中月球的話，其著陸方式屬於所謂的「硬著陸」，就像隕石撞擊地球一樣，著陸時的速度差不多就是月球上的第二宇宙速度（約為 2. 4 公里／秒），相當於在地球上從比珠穆朗瑪峰還高 30 倍的山峰上摔到地面，這無疑是要把肉餅進一步摔成肉醬。

因此對於發射太空載具（尤其是載人太空載具）來說，很重要的一點就是太空載具的加速過程必須發生在一個較長的時間裡（減速過程也一樣）。但是加速過程持續的時間越長，在加速過程中太空載具所飛行的距離也就越大。以凡爾納的超級大炮為例，倘若炮彈的加速度小於 10g，則加速過程必須持續 100 秒以上，在這段時間內炮彈飛行的距離在 500 公里以上。炮彈的加速度越小，這段距離就越大。由於炮彈本身沒有動力，因此這段距離必須都在炮管內。這就是說，凡爾納超級大炮的炮管起碼要有 500 公里長！建造這樣規模的大炮顯然是很困難的，別說凡爾納時代的技術無法辦到，即使在今天也是申請不到經費的。因此太空載具的發射必須另闢蹊徑 ⑨。火箭便是一種與凡爾納大炮完全不同但卻非常有效的技術手段。

火箭是一種利用反作用力推進的飛行器，即通過向與飛行相反的方向噴射物質而前進的飛行器。從物理學上講這種飛行器所利用的是動量守恆定律。下面我們就來對火箭的飛行動力學作一個簡單分析。

假設火箭在單位時間內噴射的物質質量為 $-\mathrm{d}m/\mathrm{d}t$（m 為火箭質量，

$dm/dt < 0$），噴射物相對於火箭的速度大小為 u（方向與火箭飛行方向相反），則在時間間隔 dt 內，火箭的速度會因為噴射而得到一個增量 dv。依據動量守恆定律，在火箭參考系中可以得到

$$m dv = -u dm$$

對上式積分並注意到火箭的初速度為零，便可得到

$$v = u \ln(m_i / m_f)$$

其中 m_i 與 m_f 分別為火箭的初始質量及推進過程完成後的質量（顯然 $m_i > m_f$）。這一公式被稱為齊奧爾科夫斯基公式（Tsiolkovsky formula），它是由上文提到過的俄國科學家齊奧爾科夫斯基發現的，時間是 1897 年，那時候的天空還是人類的「禁地」，連飛機都還沒有上天 ⑩。齊奧爾科夫斯基因為在航太領域的一系列卓越的開創性工作，而被許多人尊稱為「航太之父」（father of astronautics）或「火箭之父」（father of rocketry）。

從齊奧爾科夫斯基公式中我們可以看到，火箭所能達到的速度可以遠遠地高於噴射物的噴射速度。這一點是很重要的，因為這意味著我們可以通過一種較低的噴射速度來達到太空載具所需要的高速度，這在技術上遠比直接達到高速度容易得多。從某種意義上講，凡爾納的超級大炮之所以沒能成為一種載人太空載具的發射裝置，正是因為它試圖直接達到太空載具所需要的高速度。

但是火箭雖然能夠達到遠比噴射物噴射速度更高的速度，為此而付出的代價卻也不小，因為火箭所要達到的速度越高，它的有效載荷就必須越小。這一點從齊奧爾科夫斯基公式中可以很容易地看到。我們可以把公式改寫為 $m_f = m_i \exp(-v/u)$，由此可見，火箭的飛行速度 v 越高，它的有效載荷（m_f 中的一部分）也就越小。假如我們想用 $u = 1$ 公里／秒的噴射速度來達到第一宇宙速度（即將有效載荷送入近地軌道），則 $m_f / m_i \approx 0.00037$，也就是說一枚發射質量為 1000 噸的火箭只能讓幾百公斤

的有效載荷達到第一宇宙速度，這樣的效率顯然是太低下了。

為了克服這一困難，齊奧爾科夫斯基提出了多級火箭的設想。多級火箭的好處是在每一級火箭的燃料用盡後可以把該級火箭的外殼拋棄掉，從而減輕下一級火箭所負載的質量。在理論上，火箭的級數越多，運載效率就越高，不過在實際上，超過三級的火箭其技術複雜性的增加超過了運載效率上的優勢，使用起來得不償失。因此，目前我們使用的火箭大都是三級火箭。即便使用多級火箭，航太飛行的消耗依然是驚人的，通常一枚發射質量為幾百噸的火箭只能將幾噸的有效載荷送入近地軌道，比如發射「神舟號」飛船的長征二號F型火箭發射質量約為480噸，近地軌道的有效載荷約為8噸。

接近光速

前面說過，這個星際旅行系列主要是為了討論未來的星際旅行技術而寫的，因此，在這裡我們也要把目光放遠些，看看上節討論的火箭動力學在火箭速度持續提高，乃至接近光速時會如何。截至2013年7月，人類發射的太空載具中飛得最遠的是1977年9月5日發射的「航海家一號」（Voyager 1）。經過近36年的漫長飛行，它已經飛到了離太陽約187億公里處，遠遠超出了太陽系已知最外圍的行星——海王星，或曾經最外圍的行星——冥王星——的軌道。但是，這個距離跟離太陽最近的恆星——半人馬座比鄰星（Proxima Centauri）——的距離相比，還不到萬分之五。由此可見，人類要想走得更遠，必須要有更快的太空載具。在齊奧爾科夫斯基公式中火箭的速度是沒有上限的，通過提高噴射物的噴射速度、通過增加火箭質量中噴射物所占的比例，火箭在原則上可以達到任意高的速度。但是，這一點顯然是錯誤的，因為物體的運動速度不可能超過光速，這是相對論的要求⑪。這表明，當火箭的運動速度接近光速時，齊奧爾科夫斯基公式將不再成立。那麼，有沒有一個比齊奧爾科夫斯基公式更普遍的公式，在火箭運動速度接近光速時仍成立呢？這就是本節所要討論的問題。

首先，簡單的答案是：這樣的公式是存在的。事實上，這樣的公式不僅存在，而且並不複雜，因此我們乾脆在這裡把它推導出來，以滿足大家的好奇心。這一推導所依據的基本原理仍然是動量守恆定律，我們也仍然在火箭參考系中計算火箭速度的增量。這裡要補充說明的是，所謂火箭參考系，指的是所考慮的瞬間與火箭具有同樣運動速度的慣性參考系（因此在不同的時刻，火箭參考系是不同的）。我們用帶撇的符號表示火箭參考系中的物理量（這是討論相對論問題的慣例）。與上節的討論相仿，假設火箭在單位時間內噴射的物質質量為$-\mathrm{d}m'/\mathrm{d}t'$（$m'$為火箭質量，$\mathrm{d}m'/\mathrm{d}t' < 0$），噴射物相對於火箭的速度大小為$u$（方向與火箭飛行方向相反），則在時間間隔$\mathrm{d}t'$內，火箭的速度會因為噴射而得到一個增量$\mathrm{d}v'$。依據動量守恆定律，在火箭參考系中可以得到

$$m'\mathrm{d}v' = -u\mathrm{d}m'$$

這裡$\mathrm{d}m'$為噴射物的相對論質量（運動質量），這一公式對於u接近甚至等於光速的情形也成立 ⑫。在非相對論的情形下，上面所有帶撇的物理量都等於靜止參考系（地心參考系）中的物理量，因此對上述公式可以直接積分，這種積分的含義是對上式中的速度增量進行累加。但在相對論中，速度合成的規律是非線性的，把這些在不同時刻——因而在不同參考系中——的速度增量直接累加是沒有意義的，因此上述速度增量必須先換算到靜止參考系中才能積分。

運用相對論的速度合成公式，$\mathrm{d}v'$所對應的靜止系中的速度增量為

$$\mathrm{d}v = \frac{\mathrm{d}v' + v}{1 + \frac{v\mathrm{d}v'}{c^2}} - v = \left(1 - \frac{v^2}{c^2}\right)\mathrm{d}v'$$

將這一結果與在火箭參考系中所得的關於$\mathrm{d}v'$的公式聯立可得

$$\frac{\mathrm{d}v}{1 - \frac{v^2}{c^2}} = -u\frac{\mathrm{d}m'}{m'}$$

對這一公式積分，並進行簡單處理，便可得到

$$v = c\tanh\left(\frac{u}{c}\ln\frac{m_\mathrm{i}}{m_\mathrm{f}}\right)$$

其中火箭的初始質量 m_i，與推進過程完成後的質量 m_f 都是在火箭參考系中測量的。這就是齊奧爾科夫斯基公式在相對論條件下的推廣。對於低速運動的火箭，$(u/c)\ \ln\ (m_i/m_f) \ll 1$，因而 $\tanh[(u/c)\ \ln(m_i/m_f)] \approx (u/c)\ \ln(m_i/m_f)$，上述公式退化為普通的齊奧爾科夫斯基公式。由於對於任意 x，$\tanh(x) < 1$，因此由上述公式給出的速度在任何情況下都不會超過光速，從而符合相對論的要求。

上述公式的一個特例是 $u = c$ 的情形，即噴射物為光子（或其他無質量粒子）的情形。這種火箭常常出現在科幻小說中，通常是以物質與反物質的湮滅作為動力來源。對於這種情形，上述公式簡化為：$v = c(m_i^2 - m_f^2)/(m_i^2 + m_f^2)$。如果將火箭 90% 的質量轉化為能量作為動力，火箭的飛行速度可以達到光速的 99%。

飛向深空

宇宙的浩瀚是星際旅行家們所面臨的最基本的事實。即使能夠達到接近光速的速度，飛越恆星際空間所需的時間仍然是極其漫長的。比如從太陽系出發，到銀河系中心大約要 3 萬年，到仙女座星系（Andromeda Galaxy，也稱為 M31，為銀河外星系）大約要 220 萬年，到室女座星系團（Virgo Cluster，為銀河外星系團）大約要 6000 萬年……相對於人類彈指一瞬的短暫生命來說這些時間顯然是太漫長了。但是且慢悲觀，因為我們還有一個因素可以依賴，那就是相對論的時間延緩效應。在相對論中運動參考系中的時間是由所謂的「原時」（proper time）來表示的，它與靜止參考系中的時間之間的關係為

$$\tau = \int \left(1 - \frac{v^2}{c^2}\right)^{1/2} \mathrm{d}t$$

把這個公式運用到火箭參考系中，τ 就是太空人所感受到的時間流逝。很顯然，火箭的速度越接近光速，太空人所感受到的時間流逝也就越緩慢。考慮到這個因素，太空人是不是有可能在自己的有生之年到銀河系中心、仙女座星系、甚至室女座星系團去旅行呢？下面我們就來計算一下。

我們考慮一個非常簡單的情形，即火箭始終處於等加速過程中。當然這個等加速度是在火箭參考系中測量的。為了讓太空人有「賓至如歸」的感覺，我們把加速度選為與地球表面的重力加速度一樣，即 g。用數學語言表示：

$$\frac{\mathrm{d}^2 x'}{\mathrm{d}t'^2} = g$$

把這一加速度變換到靜止參考系（地心參考系）中可得

$$\frac{\mathrm{d}^2 x}{\mathrm{d}t^2} = \left(1 - \frac{v^2}{c^2}\right)^{3/2} g$$

由此積分可得

$$x = \frac{c^2}{g}\left[\left(1 + \frac{g^2 t^2}{c^2}\right)^{1/2} - 1\right]$$

只要加速的時間足夠長（即 $gt \gg c$），上式可近似為 $x \approx ct$。這表明在地心參考系中，經過長時間加速後飛船基本上是以光速飛行的。但是我們感興趣的是太空人所經歷的時間，即「原時」τ，這是很容易利用上式—— τ 的定義——計算出的，結果為（請讀者自行驗證）

$$\tau = \frac{c}{g}\operatorname{arcsinh}\left(\frac{gt}{c}\right)$$

我們可以從 τ 和 x 的表示式中消去 t，由此得到

$$\tau = \frac{c}{g}\operatorname{arcsinh}\left\{\left[\left(1 + \frac{gx}{c^2}\right)^2 - 1\right]^{1/2}\right\}$$

如果 $x \ll c^2/g$（約 1 光年），即飛行距離遠小於 1 光年，上式可近似為 $\tau \approx (2x/g)^{1/2}$，這正是我們熟悉的非相對論等加速運動的公式。如果 $x \gg c^2/g$，即飛行距離遠大於 1 光年，上式可以近似為 $\tau \approx (c/g)\ln(2gx/c^2)$。下面我們將只考慮這種情形。考慮到抵達一個目的地後，通常還要做一些考察研究、拍照留念的事情，因此火箭不能一味加速，而必須在航程的後半段進行減速，從而旅行所需的時間應當修正為（下面表示式中 τ 以年為單位，x 以光年為單位）

$$\tau \approx \frac{2c}{g}\ln\left(\frac{gx}{c^2}\right) \sim 2\ln x$$

由這一公式不難看到：倘若旅行的目的地是銀河系的中心，$x = 30000$ 光年，則 $\tau \sim 20$ 年。這就是說，在太空人看來，僅僅 20 年的時間，他就可以到達銀河系的中心，即使考慮到返航的時間，前後也只需 40 年的時間，他就可以衣錦還鄉了。這就是相對論的奇妙結論！只不過，當他回到地球時，地球上的日曆已經翻過了整整 6 萬年，他的孫子的孫子的孫子……（如果有的話）都早已長眠於地下了⑬。

運用同一公式，我們還可以計算出到達仙女座星系所需的時間約為 29 年，到達室女座星系團所需的時間約為 36 年……（在這裡，讀者們對於對數函數的增長之緩慢大概會有一個深刻印象吧。）倘若一個太空人 20 歲時坐上火箭出發，如果他可以活到 80 歲，那麼在他有生之年（不考慮返航——「壯士一去兮不復返」），他可以到達 100000000000000（10 萬億）光年遠的地方。這個距離已經遠遠遠遠地超過了可觀測宇宙的範圍。因此，這樣一位太空人在其有生之年可以到達宇宙中任意遠的地方！

由此看來，星際旅行似乎並不像人們渲染的那樣困難。倘如此，則我們也就不必費心討論什麼蟲洞（wormhole）和生命傳輸機（transporter）了，直接坐上火箭遨遊太空就是了。事情當然並不如此簡單，別忘了在我們的計算中火箭是一直在加速的（否則的話，那個幫了我們大忙的對數函數就會消失），那樣的火箭所耗費的能量是驚人的（究竟要耗費多少能量呢？運用本文給出的結果，讀者可以自己試著計算一下）⑭。不過這種能量耗費所帶來的困難比起建造蟲洞所面臨的困難來終究還是要小得多。因此，運用那樣的火箭探索深空也許真的會成為未來星際旅行家們的選擇。唯一的遺憾是，他們只要走得稍遠一點，我們就沒法分享他們的旅行見聞了。

因為相對論只保佑他們，不保佑我們。

2003 年 10 月 14 日寫於紐約
2013 年 7 月 13 日最新修訂

註釋

① 本文發表之後數小時，北京時間 2003 年 10 月 15 日早晨 9 時整，「神舟五號」飛船載著太空人楊利偉從酒泉衛星發射中心發射升空。飛船升空 587 秒後與火箭分離，進入軌道傾角為 42. 4 度、近地點高度為 200 公里、遠地點高度為 350 公里的預定橢圓軌道。飛船飛行至第五圈時變軌進入高度為 343 公里的近地圓軌道。北京時間 2003 年 10 月 16 日早晨 6 時 23 分，飛船在環繞地球 14 圈後在內蒙古四子王旗北部的主著陸場安全著陸，不久楊利偉自主出艙。至此，我國第一次載人航太飛行取得圓滿成功。楊利偉成為我國第一位進入太空的太空人，我國成為繼蘇聯與美國後第三個獨立掌握載人航太技術的國家。「神舟五號」的發射是人類歷史上的第 241 次載人航太飛行。楊利偉是人類歷史上進入太空的第 952 人次。

② 大氣層與行星際空間是連續銜接的，所謂「穿過大氣層」指的是穿過厚度在百餘公里以內的相對稠密的大氣層。

③ 當然，這裡我們要忽略空氣阻力，並且還要忽略地球表面的地形起伏。

④ 這裡「衛星」指的是環繞地球運動的物體，其軌跡侷限在有限區域內（否則的話，可能的軌跡將包括拋物線與雙曲線）。同時我們還假定地球的重力場是一個嚴格的平方反比中心力場，且忽略任何其他星體的重力場。

⑤ 確切地講是指速度的大小，下文提到的「向心力」、「重力」等也往往指的是大小，請讀者依據上下文自行判斷。

⑥ 這裡參考系的原點取在地心，且忽略了由地球自轉導致的衛星動能（因此而帶來的誤差小於 1%）。

⑦ 確切地講是忽略太陽重力場中重力位能的變化。在這一限制之下其他行星的重力場也同樣可以忽略。

⑧ 這裡我們忽略了地球軌道的微小扁率，而將之視為圓軌道。

⑨ 類似於凡爾納大炮那樣的裝置在表面引力較弱的星球——比如月球——上建造起來就會容易許多，因此曾有人設想它可以成為未來月球基地的太空載具發射裝置。

⑩ 這一公式的正式發表是在 1903 年，與萊特兄弟（Wright brothers）的飛機同一年。另外，新近發現的一些史料表明，英國皇家軍事學院（Royal Military Academy）的科學家早在 1813 年就得到過類似的結果。

⑪ 在理論與實驗上都有跡象表明，在特定的條件及特定的含義下，運動速度超過光速並非絕對不可能，但這種超光速並不像許多科普愛好者所認為的那樣，是推翻了相對論。

⑫ 假如 u 等於光速，則 dm' 理解為 dE'/c^2（E' 為噴射物的能量）。

⑬ 這類結果早年曾引起過爭議，並被稱為「時鐘佯謬」（clock paradox），但其實並無佯謬可言，感興趣的讀者可參閱拙作「關於時鐘佯謬」（已收錄於本書）。

⑭ 需要提醒讀者的是，這種速度極其接近光速的火箭將會遇到的一個我們未曾提及的問題，那就是：它所經過的星際空間中的所有物質——哪怕細微到基本粒子——相對於火箭都具有極高的能量，從而有可能造成極大的危害。

生命傳輸機①

看過科幻電視連續劇《星際爭霸戰》（Star Trek）的人可能對劇中的生命傳輸機（Transporter）留有深刻的印象。需要進入別的飛船或在星球上著陸的飛船乘員站在生命傳輸機的控制室中，隨著操作人員的一句「Energize」的口令，乘員的身體漸漸分解成了一片閃爍的粒子，從控制室中悄然消失；幾乎與此同時，在傳輸目的地，一個粒子團魔術般地出現，並漸漸變得明亮起來，最終完整地複現出了飛船乘員（圖 14）。整個分解和複合的過程只需幾秒鐘。據說《星際爭霸戰》的編導們最初設計這麼一個生命傳輸機是為了省錢，因為當時攝製組的經費負擔不起拍攝星際飛船在星球表面著陸所需的特技過程。

像生命傳輸機那樣的概念使許多人都感到了興趣。念中學時我曾翻過一本由美國學者霍夫施塔特（Douglas R. Hofstadter）和丹尼特（Daniel C. Dennett） 撰寫的名為《心我論》（The Mind's I）的書，一開頭就提到了類似於生命傳輸機的裝置，由此展開了許多生命哲學方面的討論。對研究星際旅行的人來說，像生命傳輸機那樣的裝置是讓脆弱而短暫的生命以基本粒子的形式跨越星際間嚴酷的環境和近乎無限的時空尺度的理想手段。

圖 14 生命傳輸機

《星際爭霸戰》播映之後還出版了一本《技術手冊》（Technical Manual），替劇中用到的許多新技術和新概念作了書面描述。從《技術手冊》上看，《星際爭霸戰》中的生命傳輸機是直接將組成原生命體的基本粒子傳輸到目的地進行複現的。按照我們對微觀世界的瞭解，這是不必要的。因為依據量子力學的基本原理，同一類型的基本粒子彼此間是完全相同的。因此在使用生命傳輸機的過程中，組成生命體的那些基本粒子本身是否直接被傳輸到目的地其實並不重要，因為那些基本粒子本身並沒有任何特殊性。真正需要傳輸的只是有關生命微觀組成的完整資訊②。只要有了這些資訊，通過什麼途徑，從什麼地方獲取複現生命體所需的基本粒子是無關緊要的。事實上，生命雖然奧妙，但組成生命體的那些基本粒子——注意不是分子，而是基本粒子——本身據我們所知在宇宙間是普遍存在的。因此，如果有一天星際旅行家們真的建造出了像生命傳輸機那樣的裝置，我們所要做的將只是設法把接收和複現裝置送到目的地（《星際爭霸戰》中連這些裝置也省略了，看來經費的確是比較緊張），此後兩地之間的旅行在原則上就可以像今天人們所熟悉的電波通信那樣快捷和「方便」了。

那麼像生命傳輸機那樣能夠把生命分解為基本粒子，並在異地完整複現的裝置在物理上是否可以實現呢？如果可以實現，它的作用過程是否會像人們在《星際爭霸戰》中所看到的那樣呢？這些就是本文所要討論的問題。至於生命傳輸機所引發的有關生命哲學方面的思考則不在本文的考慮之列，感興趣的朋友可以去看看《心我論》或其他類似的書。

按照前面的介紹，生命傳輸機在物理上能否實現的一個關鍵的環節，就在於能否獲得有關生命微觀結構的完整資訊。我們不妨回想一下，在宏觀世界裡如果我們要複製一樣東西，比方說一件傢俱，該怎麼做？通常我們會從各個角度對所要複製的傢俱進行觀察，研究它的材料，分析它各部件的拼合方式，如此等等。從物理學的角度講，所有這些都是對被複製的物體進行觀測，複製過程所需的資訊就來源於這些觀測。這些觀測所需達到的細微程度則顯然與複製本身所需達到的精密程度密切相關。對於傢俱而言，人們關心的是它的外觀、手感、強度等性質，複製物只要在這些性質上做到與原件難以區分就可以了。由於這些性質都是宏觀性質，有關它們的資訊都是宏觀資訊，因此為複製傢俱所需的觀測是宏觀意義上的觀測，這樣的觀測在物理學上是沒有任何原則性困難的。

那麼複製生命的情況又如何呢？這裡所說的複製生命不是今天大家正在熱議的克隆（clone），克隆所複製的只是生命的軀殼，而我們討論的是真正地、全息意義上的生命複製。這種複製不僅包括軀殼，還必須包括記憶、意識、情感、智慧等原生命體所具有的全部重要特徵。這裡我們遇到的第一個巨大的困難就是我們並不清楚生命——尤其是像人類這樣的「高等」生命——的全部奧秘，比方說我們迄今還不瞭解意識的物理起源。我們不清楚人的意識以及其他許多深層功能的存在究竟是依賴於人體在哪個物質層次上的結構，是原子、分子層次？還是細胞層次？亦或乾脆就是一種獨立的存在？依據答案的不同，為傳輸生命所需獲得的有關生命結構的資訊，以及在傳輸和複現生命過程中所需使用的物質基元（building block）將會有所不同。

很明顯，在沒有找到這些問題的真正答案之前是無法對複製生命的可行性做出準確判斷的。不過從星際旅行的角度講，如果生命傳輸機所需傳輸的是細胞（或細胞以上的組織），那麼由於細胞本身就是一種初等的生命，在星際間的環境和時間跨度上維持它們，與直接讓人進行星際旅行所面臨的困難，也許只有程度上的差別，從而生命傳輸機對於星際旅行的價值就要大打折扣。本文將不討論這種類型的生命傳輸機（《星際爭霸戰》中的生命傳輸機顯然也不是這一類型的）。另一方面，如果複製生命需要涉及非物質的東西（比方說如果意識是物質以外的獨立存在），那麼我們目前顯然尚不具備討論這一問題的物理學依據。

因此本文所要——或者說所能夠——討論的只有一種情形：即對生命的複製是在原子、分子或其他基本粒子層次上進行的。這也是生命傳輸機對星際旅行來說具有最大價值的情形（《星際爭霸戰》中的生命傳輸機就屬於這一類型）。因為正如前面所說，同一類型的基本粒子（或簡單的粒子組合如原子、分子）在量子力學意義上是全同的，而且在這一層次上物質的組元（質子、電子等）在宇宙中是普遍存在的，這就使得直接傳輸組成生命的物質（以及維持這種物質）成為不必要，從而大大簡化了生命傳輸機的結構。對於這種類型的生命傳輸機，只要我們能獲得有關生命微觀結構的完整資訊，它的製造以及它在星際旅行中的使用至少在理論上就具有了相當大的可能性。

因此問題歸結為我們是否有可能獲得有關生命微觀結構的完整資訊。

在討論如何獲取有關生命微觀結構的完整資訊之前，讓我們先來估計一下這種資訊的數量，以便大家有個概念。人體大約由一萬億億億（10^{28}）個原子組成。假如對這一結構中每個原子的描述（包括它與周圍原子的連接方式）平均需要 100 位元組（byte）的資訊，那麼有關生命微觀結構的完整資訊大約有 10^{21} GB（一個 GB 約等於 10 億位元組）。10^{21} GB 的資訊是個什麼概念呢？打個比方吧，這樣數量的資訊，如果用容量為 100GB 的電腦硬碟來儲存，大約需要 1000 億億個硬碟。這些硬碟如果擺放起來的話，足以覆蓋整個地球表面（不分陸地海洋）100 遍！

傳輸和儲存如此大量的資料本身無疑也是一個很大的挑戰，但這種挑戰相對於複製生命所面臨的全部複雜性來說只不過是冰山之一角！

複製生命的真正複雜性來自這樣一個事實：那就是獲取一個體系微觀上的完整資訊在物理學上遠不是一件輕而易舉的事情，它和複製傢俱所涉及的獲取體系的宏觀資訊有著本質的差別。這一差別來自於今年已逾百歲「高齡」 的量子力學。一百多年前，自伽利略（Galileo Galilei）和牛頓（Isaac Newton） 以來巍然屹立已達數百年之久的古典物理學大廈如同一串精巧的多米諾骨牌，被一朵「物理學晴朗天空中的小小烏雲」——黑體輻射問題——撞了一下腰，竟然轟然倒塌。所幸的是物理學本身就像浴火重生的火鳳凰，從灰燼中脫胎出了一個嶄新的領域，那便是量子力學。但是，對鍾情於生命傳輸機的星際旅行家們來說，不幸的是：獲取一個體系微觀上的完整資訊的美好願望卻被無情地壓在了古典物理學的那片厚厚的廢墟下面……

量子力學的出現導致了物理理論及其描述自然的總體方式的徹底變革。在量子力學中，對一個物理體系的描述由所謂的「波函數」（wave function）來表示 ③。許多傳統的古典物理學概念——比如粒子所在的位置、粒子的運動速度等等——失去了古典物理學賦予它們的實在性。量子力學誕生之後，尤其是著名的「不確定性原理」（uncertainty principle，又譯測不準原理）提出前後，物理學家們對這一理論的內涵、它的自洽性和完備性等問題進行了長時間激烈的爭論。那些爭論大大澄清和加深了人們對許多量子力學基本概念的理解。從那些讓物理學獲益良多的爭論中衍生出了許多全新的分支領域，其中的一個叫做量子測量理論，它是我們討論獲取一個體系微觀上的完整資訊的理論依據。

自不確定性原理提出以來，物理學家們對量子測量理論的研究已經進行了整整四分之三個世紀。如果注意到這種研究是在量子力學的基本數學框架未出現重大變動的情況下進行的，並且有 20 世紀幾乎所有最偉大的物理學家——比如愛因斯坦（Albert Einstein）、波耳（Niels Bohr）、海森堡（Werner Heisenberg）、玻恩（Max Born）、薛丁格（Erwin Schrödinger）等——的積極參與，卻直到今天也沒能形成一個被普遍認可的理論，這在科學史上是頗為罕見的。量子力學在概念層次上的微妙性由此可見。量子力學的初學者們常常被告誡：「如果初學量子力學就覺得明白了，那你一定是沒有理解它。」在量子力學熾熱發展的時期，新的理論模型層出不窮。據說當時評判一個新理論是否正確的「標準」之一就是看這個理論是否足夠「瘋狂」，如果不是，那它一定是錯的！全面地討論量子測量理論遠遠超出了本文的範圍。不過，值得慶幸的是雖然並不存在一個被普遍認可的測量理論，但分歧主要是集中在對理論的詮釋上，物理學家們對測量理論的一些主要結論還是有相當程度的共識的。簡單地說，量子測量理論有別於古典測量理論的一個最基本的特點就是：觀測過程本身對被觀測體系造成的干擾是不可忽略的。用一句許多量子物理學家喜愛的俗語來表述就是：在量子力學這部大戲中，觀測者既是觀眾也是演員。

量子測量理論的這一特點對獲取有關生命微觀結構的完整資訊會造成一個很棘手的問題，那就是體系的微觀狀態經過一次測量就會發生變化。而狀態一變，此後的測量所獲得的就不再是關於體系原先微觀狀態的資訊了。這就是說對一個體系的微觀狀態只能進行一次有效的測量。當然，「一次測量」 在邏輯上並不意味著就只能得到「一點點」資訊、，我們也許可以期盼某種非常 「聰明」的測量方法，一次就可以得到一個量子體系的全部資訊。不幸的是，量子測量理論的另一個著名的結論就是：有一些可觀測量是相互排斥，從而不可能在一次測量中同時獲得精確結果的。換句話說，對一個量子體系的單次測量所能得到的資訊往往註定只能是不完整的！

在研究普通的量子體系——比如氫原子——時這一點並不造成實質的困難，因為自然界中所有的氫原子都是一樣的。我們可以對許多氫原子進行獨立的測量，然後對結果進行綜合分析。這正是對一個量子體系進行測量的標準方法。事實上在考慮量子力學測量問題時人們通常引進所謂的「系綜」 （ensemble）——即大量全同體系的集合——的概念，對一個量子力學體系的測量事實上是針對系綜中各個全同體系進行大量的獨立測量。這些獨立測量的結果的統計分布由體系的波函數所描述④。反過來，通過選擇適當的待測物理量或物理量的組合，對一個系綜中各個全同體系進行充分多的獨立測量，從測量結果中原則上也可以反推出體系的波函數來。而波函數一旦確定，在量子力學意義上也就獲得了有關體系微觀結構的完整資訊。

很明顯，把這套理論用到我們所討論的獲得有關生命微觀結構的完整資訊的問題上來就會陷入一種「先有雞還是先有蛋」的循環之中。因為按照上述理論，為了獲取關於某個生命體微觀結構的完整資訊，必須先製備一個關於這一生命體的系綜。但是生命體不像氫原子那樣具有微觀全同性，自然界中根本就不存在關於生命體的系綜。這就意味著要想製備一個關於生命體的系綜，我們必須自行複製生命體。而為了能夠複製一個生命體，我們就需要先知道關於該生命體微觀結構的完整資訊。

繞了一圈我們依然兩手空空。

因此，獲得有關生命微觀結構的完整資訊，按照我們今天對量子力學規律的理解是不可能的。如果複製生命——從而製造生命傳輸機——果真嚴格依賴於有關生命微觀結構的完整資訊，那它就同樣是不可能的。不過「幸運」的是，雖然我們並不清楚生命——包括記憶、意識、情感、智慧等全部內涵——對微觀結構的確切依賴程度，但這種依賴必定帶有某些程度的模糊性。也就是說微觀狀態的某些程度的改變不會影響生命的任何本質特徵。比方說頭上缺幾根頭髮，皮膚上多一兩點色斑，身上少幾個細胞等所對應的微觀狀態的差異顯然都不會妨礙所複製生命的有效性。因此我們所需回答的問題可以弱化為：考慮到所有可被允許的模糊性，是否有可能獲得複製生命所必須的微觀資訊？遺憾的是，對這一問題我們目前只能用一個雙重的「無可奉告」來回答。因為我們既不清楚「可被允許的模糊性」的確切含義，也沒有對量子測量理論研究到足以回答這類問題的透徹程度。我們比較有把握的結論是：在簡單意義上精確複製生命——即複製生命的全部微觀結構——的生命傳輸機是不可能製造的。

最後我們再討論一下如果生命傳輸機存在，它的工作情形是否會像圖 14 所示的那樣乾淨俐落，在幾秒鐘之內點塵不驚地完成複製過程。當然，我們不可能討論生命傳輸機的具體工作方式，我們只想來計算一下把一個人分解為基本粒子或由基本粒子複合成一個人所需吸收或釋放的能量。假如生命傳輸機對人體的分解和複合是在亞原子——即質子、中子、電子等——的層次上進行的，那麼人體將會被分解為大約 10 萬億億億（10^{29}）個亞原子粒子（比上文提到的原子數目多一個數量級左右）。由於平均每個亞原子粒子的結合能約為 1 兆電子伏特（（1MeV），因此分解（複合）過程所需吸收（釋放）的能量大約為 1 億億焦耳（10^{16}J），這相當於 100 萬噸 TNT 炸藥爆炸時釋放的總能量！因此生命傳輸機操作人員的那句冷靜而平淡的「Energize」背後所蘊含的能量其實是與核爆炸中令天地為之變色的蘑菇雲所象徵的能量不相上下。這種類型的生命傳輸機的作用過程——尤其是複合過程——是很難如電視上那樣點塵不驚的。當然，如果生命傳輸機只是在原子或分子層次上對人體進行分解和複合，所涉及的能量就會小得多，大約相當於幾十到幾百公斤炸藥爆炸時釋放的能量 ⑤。一般來說，生命傳輸機對生命體的分解與複合所涉及的物質層次越低，在分解與復合過程中吸收與釋放的能量就越多。

我們關於生命傳輸機的討論到這裡就結束了，與星際旅行中的另一個流行的方案——蟲洞——相比，生命傳輸機在理論可行性方面似乎略顯樂觀。但我們必須看到，這種樂觀性在很大程度上是建立在對生命本質的無知之上的，就像在相對論之前人們可以樂觀地認為運動速度在原則上是不受限制的。科學是美麗的，它受益於我們的想像力，又轉而為想像力插上新的翅膀。但科學同時也是嚴謹的，它並不是漫無邊際的想像。對生命本質的無知絕不是我們樂觀的理由。如果我們真的想要尋求一點樂觀的話，也許時間是最好的樂觀理由，因為《星際爭霸戰》的故事——確切地說是我所看過的那部分故事——發生在 24 世紀，我們還有 300 年的時間來更好地理解生命，理解物理學。也許到那時我們會更好地理解生命傳輸機——無論它是可行的還是不可行的。

2003 年 1 月 2 日寫於紐約
2014 年 12 月 1 日最新修訂

註釋

① 本文曾發表於《科學畫報》2003 年第 10 期（上海科學技術出版社出版）。

② 在後文中將會提到，對這裡所說的「完整」兩字不宜理解得過於絕對。

③ 確切地說，在量子力學中，對一個物理體系的描述體現在所謂的「狀態」（state）上，「波函數」是狀態在具體表象——比如座標表象——下的函數表示。

④ 這裡所說的系綜理論只是量子力學測量理論所涉及的若干種詮釋中的一種，但可以算是最直接對應於量子力學數學體系的詮釋。

⑤ 對於愛思考的朋友來說，這一數值是不需要計算就可以得出的。因為普通 TNT 炸藥利用的不是別的，正是爆炸物在原子和分子層次上的結合能（叫做化學能）。因此把人體在這一尺度上分解或復合所涉及的能量大致就等於與人體質量相當的 TNT 炸藥所能釋放的能量。

蟲洞：遙遠的天梯

引言

1985 年的一個學期末，加州理工大學（California Institute of Technology）的理論物理學教授索恩（Kip S. Thorne）剛剛上完一學年的課，正慵懶地靠在辦公室的椅子上休息，電話鈴聲忽然響了起來。打來電話的是他的老朋友，著名行星天文學家薩根（Carl Sagan）。薩根當時正在撰寫一部描寫人類與外星生命首次接觸的科幻小說。寫作已近尾聲，但身為科學家的薩根希望自己的作品——雖然只是一部科幻小說——盡可能地不與已知的物理學理論相矛盾。在這部小說中，薩根安排女主人公通過黑洞（black hole）穿越了 26 光年的距離，到達遙遠的織女星（Vega）附近。這是整部小說中最具震撼力的情節，但從物理學的角度看，卻也是最可疑的細節。於是薩根打電話給從事引力研究的索恩，為這一細節尋求技術諮詢。在經過一番思考和粗略的計算後，索恩告訴薩根：黑洞是無法用做星際旅行的工具的。他建議薩根使用蟲洞（wormhole）這一概念，這便有了隨後出版，並被拍成電影的著名科幻小說《接觸未來》（Contact）。

薩根的小說順利地出版了，索恩對蟲洞的思考卻沒有因此而結束。

三年後，索恩和他的學生莫里斯（Mike Morris）在《美國物理雜誌》（American Journal of Physics）上發表了一篇題為〈時空中的蟲洞及其在星際旅行中的用途〉（Wormhole in spacetime and their use for interstellar travel）的論文，由此開創了對所謂**可穿越蟲洞**（traversable wormhole）進行理論研究的先河 ①。作為教學性刊物的《美國物理雜誌》也因此有幸在一個全新研究領域的開創上留下了值得紀念的一筆。

莫里斯和索恩的文章在蟲洞研究中具有奠基性的意義，不過蟲洞這一概念卻並非他們兩人首先提出的。早在 1957 年，美國物理學家惠勒

（John Archibald Wheeler）和學生米斯納（Charles W. Misner）就在一篇文章中提出了這一概念。那篇文章討論的主題是所謂的「幾何動力學」（geometrodynamics），那是一種試圖把物理學幾何化的理論。米斯納和惠勒的「幾何動力學」後來並沒有走得很遠，但他們在文章中提出的蟲洞這一概念卻在事隔 30 多年後得到了全新的發展，並成為了以星際旅行為題材的科幻小說的標準詞彙，可謂是 「有心栽花花不開，無心插柳柳成蔭」。

什麼是蟲洞？

那麼究竟什麼是蟲洞呢？形象地說，蟲洞是連接兩個空間區域的一種 「柄」狀的結構。圖 15 便是一種很流行的蟲洞圖示，圖中倒 U 字形曲面代表我們生活在其中的空間，連接兩個空間區域 A 和 B 的直線段代表的便是這種「柄」狀結構，即蟲洞。圖 15 是一種抽象化的圖示，連接 A 和 B 的直線段實際上代表的是具有一定大小的結構。不難看到，由於這種「柄」狀結構的存在，在 A 和 B 之 間存在著兩種不同類型的路徑：一種由曲線表示，代表在普通空間中的路徑；另一種由直線段表示，代表由於蟲洞的存在而形成的新路徑。由圖 15 可以看到，沿直線段從 A 到 B 顯然要比沿曲線近得多。通常科幻小說——包括前面提到的薩根的小說《接觸未來》——所描述的通過蟲洞的星際旅行，就是沿圖中直線段進行的。

在蟲洞的研究中，圖 15 所示的蟲洞被稱為「宇宙內蟲洞」（intra-universe wormhole），它連接的是同一個宇宙中兩個不同的空間區域。除此之外，在理論上還有一類所謂的「宇宙間蟲洞」（inter-universe wormhole），所連接的是兩個不同的宇宙。科幻小說中的蟲洞通常屬於前一類。不過由於這兩類蟲洞的差別僅在於空間的大範圍拓

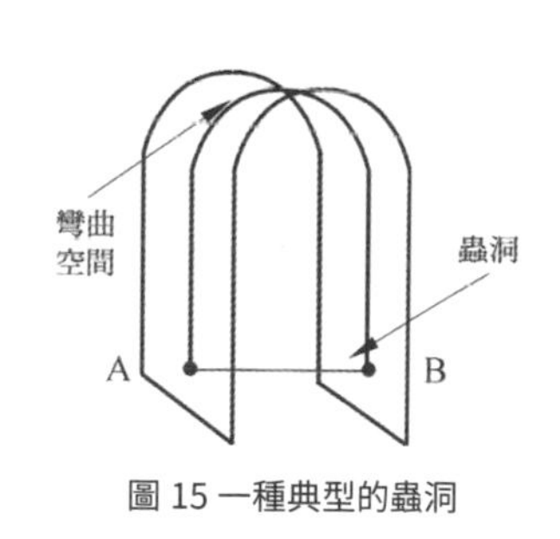

圖 15 一種典型的蟲洞

撲結構，對於討論蟲洞本身的結構來說，它屬於哪一類並不重要。

在進一步討論蟲洞之前，我們先來澄清一個或多或少存在於文獻中的概念誤區（或者說即便在文獻作者的心中並無誤區，卻特別容易在讀者之中造成誤會的概念），那就是**蟲洞的存在並不意味著它們就一定是空間中的捷徑**（short-cut）。換句話說，蟲洞的存在並不意味著它們就一定能提供一種有意義的星際旅行路徑。仔細觀察圖 15 不難發現，蟲洞之所以成為連接 A 和 B 之間的捷徑，完全是由於空間彎曲成了倒 U 字形所致。按照廣義相對論，空間（確切地說是時空）的彎曲是由物質分布決定的，因而圖 15 所表示的蟲洞除了蟲洞本身外，還對遠離蟲洞的背景空間中的物質分布作了十分苛刻的假定。如果不做這種相當人為的苛刻假定，蟲洞的結構更有可能類似於圖 16 所示。在圖 16 中，由蟲洞所形成的連接 A 和 B 的路徑（即虛線路徑）要比普通空間中的路徑更長。很明顯，利用圖 16 所示的蟲洞進行 A 和 B 之間的星際旅行是很不明智的。因此在概念上，蟲洞並不等同於星際旅行的捷徑。

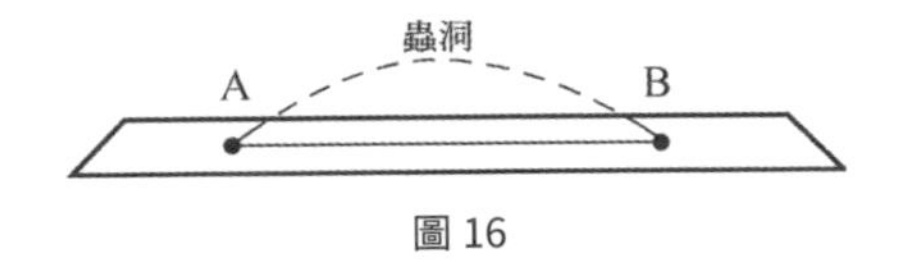

圖 16

薩根式的問題

儘管如此，蟲洞無論對於物理學家、天文學家，還是星際旅行家來說，都依然是一個極富魅力的概念。前面提到的行星天文學家薩根對星際旅行所涉及的許多問題有一種很獨特的提法，即從一個**無限發達的文明**（infinitely advanced civilization）的角度來看待星際旅行問題的可行性。對於蟲洞，一個「薩根式」的問題可以表述為：

一個無限發達的文明是否有可能利用蟲洞作為星際旅行的工具？

薩根所謂的「無限發達的文明」指的是在物理規律許可的情況下擁

有一切能力的智慧生命。對於這樣的智慧生命來說，圖 15 和圖 16 所示的蟲洞或許並無實質區別。只要蟲洞存在，即便其結構如圖 16 所示，他們或許也有能力通過改變背景空間的曲率使之變為圖 15 的形式。因此在這種「薩根式」的問題中，背景空間的具體結構有可能並不重要。

要利用蟲洞作為星際旅行的工具當然首先得要有蟲洞。宇宙間究竟有沒有蟲洞呢？這歸根究柢是一個觀測問題。但起碼到目前為止的答案是令人失望的，那就是迄今並未發現任何有關蟲洞存在的直接或間接證據。因此現階段我們對蟲洞的探討僅限於理論範疇。自莫里斯和索恩以來，物理學家們在對蟲洞的研究上又獲得了一些重要結果。這些結果主要是在有關引力和時空的經典理論——廣義相對論——的框架內獲得的。經過近一個世紀的研究，物理學家們對廣義相對論的數學結構已經瞭解得相當透徹。尤其是自 20 世紀 60 年代以來，隨著現代微分幾何手段的應用，許多非常普遍的命題被相繼證明，其中的一些對於蟲洞研究有著十分重要的意義。

為了獲得可作為星際旅行工具的蟲洞，一個無限發達的文明可作兩方面的努力：

（1）如果宇宙中不存在蟲洞，他們可以試圖「創造」蟲洞。
（2）如果宇宙中存在蟲洞，他們可以試圖「改造」蟲洞，使之適合於星際旅行的需要。

下面我們就分頭介紹一下這兩方面的努力。

蟲洞的「創世記」——惱人的因果律

先來談談第一方面的努力，即「創造」蟲洞。

所謂「創造」蟲洞，指的是在原本沒有蟲洞的空間區域中產生出蟲洞來。我們已經知道，蟲洞是空間中的一種「柄」狀結構，在拓撲學上具有這種「柄」狀結構的空間被稱為是複連通的，沒有「柄」狀結構（即沒有蟲洞）的普通空間則是單連通的。因此從拓撲學的角度講，「創造」蟲洞意味著使空間的拓撲結構發生變化。

那麼空間的拓撲結構有可能發生變化嗎？物理學家們對此進行了一系列的研究。1992 年，著名英國理論物理學家霍金（Stephen Hawking）證明了這樣一個定理。

［定理］在廣義相對論中，如果空間的拓撲結構在一個有界的區域內發生了變化，那麼在這個變化所發生的時空範圍內存在閉合類時曲線。

不熟悉相對論的朋友可能不知道什麼叫做「類時曲線」（timelike curve）。在相對論中，類時曲線是**物理上可以實現**的有質量物體在**時空中**的運動軌跡。一個物體在空間中的運動軌跡閉合是十分尋常的事情，比如鐘擺的運動，行星的運動，其在空間中的運動軌跡在適當的參考系中都是（近似）閉合的。但一個物理上可以實現的運動，在**時空中**的運動軌跡閉合（即形成所謂「閉合類時曲線」）卻是非同小可的事情。因為時空中的軌跡不僅記錄了運動所經過的所有空間位置，而且還記錄了它經過各空間位置的時刻。因此時空軌跡的閉合意味著不僅在空間上回到原點，而且在時間上也回到原點。換句話說，時空軌跡的閉合意味著時間失去了實際意義上的單向性，或者說構造時光機成為了可能！

我們都知道，自然萬物的演化具有明顯的不可逆性，最直接的經驗莫過於我們的生命本身，從出生到成長，從衰老到死亡，每一步都不可抗拒、無可逆轉。時間的單向性是物理學乃至全部自然科學中最基本的觀測事實之一。如果時間不是單向的，那麼物理世界中的因果關係也將不復存在，因為一個逆時間而行的旅行者可以在「結果」發生之後返回過去將產生結果的「原因」破壞掉②。

因此霍金所證明的定理可以通俗地表述為：

［定理（通俗版）］在廣義相對論中，「創造」蟲洞意味著放棄因果律。

如果放棄因果律，那麼不僅物理學的大部分將會被改寫，連科學本身的存在都將受到挑戰。因為科學本質上就源於人類對自然現象追根溯源的努力，而正是因果律的存在使得這種努力成為可能。因此，依據霍金所證明的上述定理，在有足夠證據表明因果律可以被破壞之前，我們必須認為改變空間的拓撲結構（即「創造」蟲洞）是被廣義相對論所禁止的。

廣義相對論是現代物理學中最優美的理論之一，是重力理論和現代時空觀念的基石，但它只是一個古典理論。物理學家們普遍認為，對重力和時空的真正描述就像對宇宙中其他基本交互作用的描述一樣，必須是量子化的。對廣義相對論的量子化被稱為量子重力理論。

那麼在量子重力理論中情況又如何呢？

早在量子理論出現之初物理學家們就已發現，許多被古典理論所禁止的過程在量子理論中會成為可能，比如電子有可能出現在古典理論不允許出現的區域中。由此帶來的一個很自然的問題就是：空間拓撲結構的改變會有幸成為這種量子過程「大家庭」中的一員嗎？遺憾的是，對這一問題目前還沒有明確答案。重力的量子化是當今理論物理面臨的最困難的問題之一，迄今為止不僅尚未建立完整的理論，連一些基本的出發點也還在爭議之中。在對量子重力理論的早期研究中，人們曾經設想時空就像海面一樣，從大尺度上看平滑如鏡，隨著尺度的縮小漸漸顯出起伏，當尺度縮小到一定程度時，就可以看到洶湧的波濤和飛散的泡沫。這個極小的尺度被稱為普朗克尺度（Planck scale）。按照這種設想，在普朗克尺度上時空的結構會出現劇烈的量子漲落，不僅空間的拓撲結構可以發生變化，甚至還會產生所謂的時空泡沫（spacetime foam）。

但是，這種有關量子時空的直觀設想在量子重力理論的各個具體方案中均遇到了不同程度的困難。初步的分析表明，量子重力理論並不完全禁止空間拓撲結構的改變，但是**由產生蟲洞所導致的空間拓撲結構的改變即使在量子重力理論中也極有可能是被禁止的**。

因此我們可以有保留地認為，就目前我們所瞭解的物理學規律而言，「創造」蟲洞有可能是一件連無限發達的文明也無法做到的事情。

蟲洞工程學——負能量的困惑

接下來談談第二方面的努力，即「改造」蟲洞，使之適合於星際旅行的需要。

即便「創造」蟲洞是不可能的，一個無限發達的文明仍然可以通過改造宇宙中已經存在的蟲洞（如果有的話），使之成為可穿越蟲洞③。這並不改變空間的拓撲結構，從而不違背任何禁止空間拓撲結構改變的物理學定理。

那麼，改造一個可穿越蟲洞——或者更具現實意義地說，維持一個改造後的可穿越蟲洞——需要什麼樣的條件呢？

前面提到的莫里斯和索恩的文章的主要貢獻就是對這一問題進行了定量的分析。他們研究了維持一個穩定的球對稱蟲洞所需要的物質分布。所謂球對稱蟲洞，指的是蟲洞的出入口——即俗稱為「嘴巴」（mouth）的部位——是球對稱的。莫里斯和索恩發現，為了維持這樣一個蟲洞，在蟲洞所形成的通道的最窄處——即俗稱為「喉嚨」（throat）的部位——必須存在負能量的物質（圖 17）。莫里斯和索恩的分析雖然對蟲洞作了球對稱這樣一個簡化假設，但是運用廣義相對論及現代微分幾何手段所做的進一步研究表明，他們得出的**維持蟲洞需要負能量物質**的結論卻是普遍成立的。

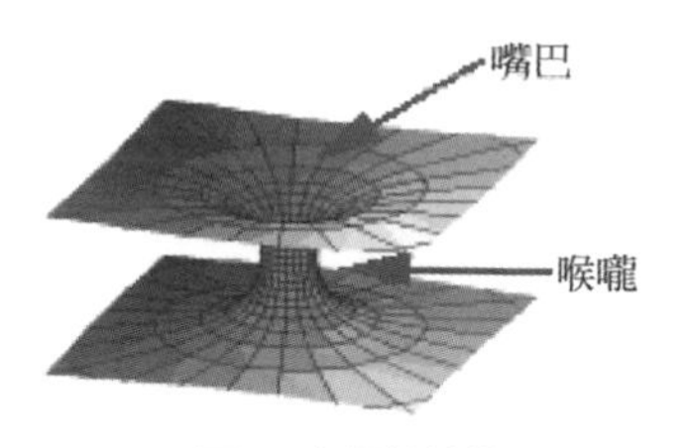

圖 17 蟲洞的結構

因此，想當一名蟲洞工程師，首先得有負能量物質。

那麼，什麼是負能量物質呢？舉一個簡單的例子來說，學過牛頓定律的人都知道，用力推一個箱子，箱子就會沿推力的方向運動，推力的大小等於運動的加速度與箱子質量的乘積（假定阻力可以忽略）。這是大家熟悉的結果 ④。但假如把箱子換成蟲洞工程師的負能量箱子，情況就大不相同了。由於負能量箱子的質量小於零，若牛頓定律還能套用的話，加速度與推力的方向就變得彼此相反了。這表明你用力去推一個負能量箱子，非但不能把它推開，箱子反而會朝你滑過來！顯然我們誰也沒見過這麼古怪的箱子，迄今為止人類在宏觀世界中發現的所有物質都具有正能量，物質越多，通常能量也就越高。按照定義，只有一無所有的真空的能量才為零，而負能量意味著比一無所有的真空具有「更少」的物質，這在古典物理學中是近乎於自相矛盾的說法。

但量子理論的發展徹底改變了古典物理學關於真空的觀念。在量子理論中，真空不僅具有極為複雜的結構，而且是高度動態的，每時每刻都有大量的虛粒子對產生和湮滅。在這種全新的真空圖景下，負能量至少在概念層面上不再是不可思議的了。事實上，早在 1948 年，荷蘭物理學家卡西米爾（Hendrik Casimir）就在理論研究中發現真空中兩個平行導體板之間會出現負的能量密度，並由此預言了存在於這樣一對導體板之間的一種微弱的交互作用。後來人們在實驗上定量地證實了這種被稱為卡西米爾效應（Casimir effect）的交互作用，從而間接地為負能量的存在提供了證據。20 世紀 70 年代，霍金等物理學家在研究黑洞的輻射效應時發現，在黑洞的事件視界（event horizon）附近也會出現負的能量密度。20 世紀 80 年代，物理學家們又發現了所謂的壓縮真空（squeezed vacuum），即量子態分布異常的真空，在這種真空的某些區域中同樣會出現負的能量密度。

所有這些令人興奮的研究都表明，宇宙中看來的確是存在負能量物質的。

但可惜的是，僅僅存在是不夠的，還有數量的問題需要考慮。這方面的結果卻極不容樂觀，因為迄今所知的所有負能量物質都是由量子效應產生的，從而數量極其微小。拿卡西米爾效應來說，計算表明，一對平行導體板之間的負能量所對應的質量密度 ρ 大約為（其中 ρ 以公斤／立方公尺為單位，平行導體板的間距 d 以公尺為單位）

$$\rho \approx -\frac{10^{-44}}{d^4}$$

這個結果表明如果平行導體板間距為一公尺的話，所產生的負能量的質量密度只有 10^{-44} 公斤／立方公尺，相當於在每 10 億億立方公尺的體積內才有相當於一個基本粒子質量的負能量物質！

其他量子效應產生的負能量密度也大致相仿，只需把平行導體板間距換成那些效應所涉及的空間尺度即可。由於負能量的密度與空間尺度的四次方成反比，因此在任何宏觀尺度上由量子效應產生的負能量都是微乎其微的。

另一方面，物理學家們對維持一個可穿越蟲洞所需要的負能量物質的數量 M 也做了估算，結果發現（M 以地球質量為單位，蟲洞半徑 R 以公分為單位）：

$$M \approx -R$$

也就是說僅僅為了維持一個半徑為一公分的蟲洞 ⑤，就需要相當於整個地球質量的負能量物質！而且蟲洞的半徑越大，所需的負能量物質就越多。為了維持一個半徑為一千公尺的蟲洞所需的負能量物質的數量竟相當於整個太陽系的質量！

這無疑是一個令所有蟲洞工程師頭疼的結果。因為一方面，迄今知道的所有產生負能量物質的效應都是量子效應，所產生的負能量物質的數量即使用微觀尺度來衡量也是極其微小的。而另一方面，為了維持任何宏觀意義上的蟲洞所需的負能量物質的數量卻是一個天文數字！

穿越蟲洞——張力的挑戰

雖然數字看起來不那麼樂觀，但是別忘了我們是在考慮一個「薩根式」的問題。我們的想像力已經無數次地低估過人類自身科學技術的發展，因此讓我們姑且對來自「無限發達的文明」的蟲洞工程師的技術水準做一個比較樂觀的估計：假定他們利用某種遠不為我們所知的技術手段真的獲得了相當於整個太陽系質量的負能量物質，並成功地維持住了一個半徑為 1000 公尺的蟲洞。

他們是否就可以利用這樣的蟲洞進行星際旅行了呢？

初看起來，半徑 1000 公尺的蟲洞似乎應當滿足星際旅行的要求了，因為 1000 公尺的半徑在幾何尺度上已經足以讓相當規模的星際飛船通過了。看過科幻電影的人可能對星際飛船穿越蟲洞的特技處理留有深刻印象。從螢幕上看，飛船穿越的似乎是時空中一條狹小的通道，飛船周圍充斥著由來自遙遠天際的星光和輻射組成的無限絢麗的視覺幻象（圖 18）。

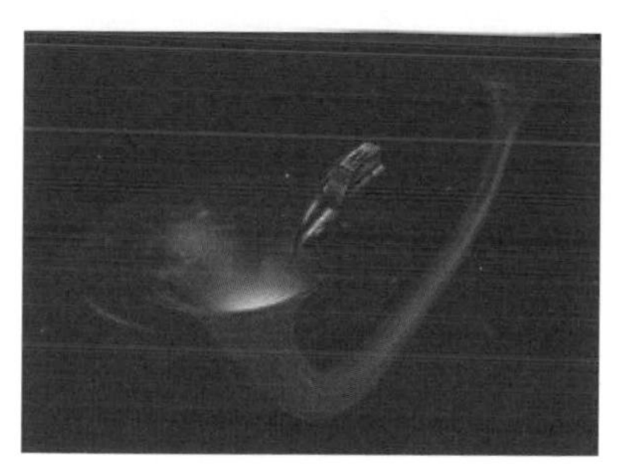

圖 18 星際飛船進入蟲洞

但實際情況遠沒有那樣詩情畫意。

事實上，為了能讓飛船及其乘員安全地穿越蟲洞，幾何半徑的大小並不是星際旅行家所要考慮的主要問題。按照廣義相對論，為了維持像蟲洞那樣時空高度彎曲的結構，必須依靠由負能量物質提供的巨大張力。而當飛船及其乘員穿越蟲洞，尤其是穿越負能量物質密集的區域——即蟲洞的「喉嚨」部位——時，將幾乎無可避免地會遭遇到這種張力。由於無論飛船還是飛船乘員，他們所能承受的張力都是有限的，因此穿越蟲洞時所會遭遇到的張力大小對於星際旅行來說是至關重要的。那麼這種張力究竟有多大呢？以球對稱的蟲洞為例，計算表明，在蟲洞的「喉嚨」部位，張力的大小約為

張力 ≈（物質所能承受的最大張力）／（以光年為單位的蟲洞半徑的平方）

這裡「物質所能承受的最大張力」指的是物質中的原子結構所能承受的最大張力。超越了這一極限，連組成物質的原子都將受到破壞，更逞論像飛船或飛船乘員那樣的宏觀物質了。這恐怕是任何程度的文明——只要他們的生存還離不開物質形體——都很難突破的物理極限。從上述結果中我們看到，穿越蟲洞所會遭遇到的張力大小與蟲洞半徑的平方成反比，蟲洞的半徑越大，張力就越小，從而也就越適合於作為星際旅行的通道。特別需要看到的是，**半徑小於一光年的球對稱蟲洞由於穿越時所會遭遇到的張力大小超過物質所能承受張力的理論極限，將很可能無法作為星際旅行的通道**。

雖然以上都是比較粗略的估算，具體數值會因蟲洞結構的不同而有所不同。但在數量級的意義上，這種估算已足以使我們看到維持一個可供星際旅行用的蟲洞所面臨的巨大的「工程學」困難，那就是：一方面，為了能讓星際飛船安全通過，蟲洞的半徑至少要在一光年以上；另一方面，我們在前面已經介紹過，維持一個半徑一公里的球對稱蟲洞所需的負能量物質數量約相當於整個太陽系的質量，且半徑越大，所需的負能量物質也越多（與半徑成正比），而一光年大約是 10 萬億公里，因此維

持一個半徑一光年的球對稱蟲洞所需的負能量物質數量約相當於太陽系質量的 10 萬億倍！

「太陽系質量的 10 萬億倍」是個什麼概念呢？我們知道，整個銀河系中所有發光星體的總質量大約是太陽系質量的 1000 億倍，**因此維持一個可供星際旅行用的最小的球對稱蟲洞所需的負能量物質數量約相當於銀河系中的所有發光星體質量總和的 100 倍！**如果考慮到生物體所能承受的張力要遠小於理論極限，對蟲洞半徑的要求將更高，所需的負能量物質的數量則將比上述估計值更大。使用數量如此驚人的物質，別說這些物質都是迄今尚未在任何宏觀尺度上被發現的負能量物質，即便是普通的物質，也是近乎於天方夜譚的想法。

總體來說，目前還不清楚存在於微觀尺度上的負能量物質是否有可能積累成宏觀數量，如果這種積累是可能的，那麼將一個已經存在的蟲洞改造並維持成適合星際旅行的蟲洞在純理論上是可能的。但改造並維持那樣的蟲洞所需的負能量物質的數量即便從宇宙學尺度上看也是極其驚人的。這種數量對於任何存在於我們這個宇宙中的文明——哪怕是無限發達的文明——來說，恐怕都是工程學上一個不可逾越的困難。

結語——遙遠的天梯

在我們即將結束對蟲洞的討論時⑥，我想起了遠古神話中關於「天梯」（ladder to heaven）的一些傳說。在遠古的年代裡，很多人幻想著天空中有一個聖潔而永恆的天堂，人的靈魂能在那裡得到永生。雖然誰也不確定天堂離我們有多遠，但有些人幻想著存在一些神秘的地方，人們可以從那裡攀上天堂，那便是有關「天梯」的傳說。古埃及的法老們曾經相信宏偉的金字塔可以成為他們的天梯；藏民們的一種傳說，則認為天梯是神山上的一株巨樹。從某種意義上講，蟲洞彷彿是一種現代版的「天梯」，一端連著古老而執著的夢想，一端連著遙遠而璀璨的星空。

夢想與現實往往是有距離的，任憑虔誠的信徒們千百年不懈地期盼和尋覓，傳說中的天梯終究沒有被找到。人類對可穿越蟲洞的研究才進行了短短十幾個年頭，下斷語還為時過早。但從迄今所得的結果來看，利用蟲洞進行星際旅行大致是介於「理論上不可能」和「實際上不可能」之間。在能夠想像得到的將來，利用蟲洞進行星際旅行很可能就像尋找遙遠的天梯一樣，只能是一個美麗卻難圓的夢。

2002 年 9 月 26 日寫於紐約
2014 年 12 月 4 日最新修訂

註釋

① 所謂「可穿越蟲洞」，廣義地講，是指允許光信號穿越的蟲洞；狹義地講，則是指允許星際飛船穿越的蟲洞。本文所討論的是後一種。

② 嚴格地講，時間的非單向性（或閉合類時曲線的出現）並不一定導致因果律的破壞。有些物理學家試圖通過引進所謂的「自洽性假設」（consistency conjecture）來協調時間的非單向性與因果律之間的矛盾。不過從目前的研究結果來看，這種「自洽性」的一種很有可能的體現方式就是物理規律自動阻止閉合類時曲線的出現。

③ 有人也許會問，如果「創造」蟲洞是不可能的，那麼所謂「已經存在」的蟲洞從何而來呢？這是一個很有趣的問題，我們都知道能量守恆是物理學上的一個基本定律，也就是說物質是不能無中生有的，那麼宇宙中的物質從何而來呢？這兩個問題有相似之處，由於我們對於宇宙本身的由來還知之甚少，因此這些問題都還沒有答案。我們把宇宙中「已經存在」蟲洞作為這一節的出發點，不僅僅是把它作為一種可能性來看待，同時也是考慮到「創造」蟲洞未必真的已被物理定律所嚴格排除。在這種情況下，假定存在蟲洞（不論其來源），考慮如何將之改造並維持為可穿越蟲洞是一個不無意義的問題。

④ 這裡所說的質量是「慣性質量」（inertial mass），另外還有一類所謂的「重力質量」（gravitational mass）。在廣義相對論中，這兩類質量是相等的。另外在相對論中質量是能量的一種，因此本文對負質量和負能量不作區分。

⑤ 這裡的半徑是指周長除以 2π，（請讀者想一想為什麼要作這個注釋？）

⑥ 有關蟲洞的深入分析，以及其他一些值得討論的方面，比如蟲洞與時間旅行之間的關係，量子輻射效應對蟲洞的作用等，可參閱拙作《從奇點到蟲洞：廣義相對論專題選講》（清華大學出版社，2013 年）。

時間旅行：科學還是幻想？①

從《時光機器》講起

繪畫｜張京

眾所周知，迄今為止人類在空間與時間上獲得的自由度是很不相同的。我們可以沿空間方向作自由運動，卻無法隨意駕馭時間。時間就像一條漫漫長河，世間萬物彷彿是河裡的漂浮物，只能隨波逐流。

現實的盡頭往往就是幻想的起點。如果時間是一條長河，那麼在這長河之中是否能有船隻呢？漂浮物只能隨波逐流，船隻卻可以劈波斬浪。如果時間長河中能有船隻，我們就可以乘坐這種船隻進行時間旅行，既可以窺視未來，也可以重返往昔，說不定還能改變歷史。在科幻小說中，這種假想的船隻被稱為「時光機」。

有關時光機最早、最著名的小說是英國科幻作家威爾斯（H. G. Wells）的《時光機器》（The Time Machine），發表於 1895 年。不過，威爾斯並不是最早觸及時間旅行這一題材的作家，在他之前已經有許多作家涉足過這一題材，其中甚至包括美國諷刺小說家馬克・吐溫（Mark Twain），他發表於 1889 年的《康州美國佬奇遇記》（A Connecticut Yankee in King Arthur's Court）據說是最早涉及逆向時間旅行的小說。但在那些比威爾斯更早的文學作品中，普遍沒有使用像時光機這樣一種可以讓人選擇「目的地」（確切地講是「目的時間」）的旅行器，並且也極少對時間旅行的機制作哪怕只是科幻意義上的說明。而威爾斯的《時光機器》在這兩方面都是突破性的，它很快引起了讀者們的巨大興趣，並於 1960 及 2002 年兩度被拍成電影，英國甚至為《時光機器》出版

100 周年發行過紀念郵票。

威爾斯寫作《時光機器》的時候，愛因斯坦（Albert Einstein）的相對論尚未被提出，人們對時空的理解大體上還停留在牛頓（Isaac Newton）的絕對時空觀上 ②。但威爾斯卻在《時光機器》一書中令人吃驚地提出了將時間作為第四維的觀點，與十年後到來的相對論時空觀作了戲劇性的遙相呼應。

威爾斯將時間視為第四維，目的是要通過將時間與空間類比來為時間旅行開綠燈。那麼現代物理學認可這個綠燈嗎？這就是本文所要討論的內容。

面向未來與重返過去

我們知道，在牛頓的絕對時空觀裡，時間和空間不受任何物質及運動的影響（這是「絕對」的主要含義所在）。很明顯，在這樣的時空觀裡，時間旅行不具有理論基礎，它的存在只是一種幻想。但是狹義相對論的提出對時空觀產生了一次重大變革。在狹義相對論中，時間和空間不再是絕對的概念，而是與參考系的選擇密切相關。特別是，在運動參考系中時間的流逝會變慢，這是著名的時間延緩效應，它的存在已經被大量物理實驗所證實。狹義相對論所帶來的這種新結果，為時間旅行開啟了第一種具有理論依據的可能性：那就是面向未來的時間旅行成為了可能。

按照狹義相對論，如果有人想要到未來去旅行，他所需要的時光機就是一艘能以接近光速的高速度運行的飛船。想要到達的未來越遙遠，飛船所需達到的速度就越高。如果他想在 20 年（飛船上的時間）的飛行之後到達兩萬年（地球上的時間）後的地球上，他所要做的就是讓飛船以相當於光速 99.99995%的速度飛行 10 年，然後以相同的速度往回飛。那麼 20 年後，當他回到地球上時，地球上的日曆已經翻過了整整兩萬年，他可以如願以償地看到兩萬年後的人類社會（如果那時候人類社會還存在的話）。可以想像，這樣一位來自遠古的旅行家將會受到未來的歷史學家和考古學家們何等熱烈的歡迎。

事實上，不僅未來的歷史學家和考古學家將會非常歡迎這樣的時間旅行家，與這位時間旅行家同時代的人又何嘗不希望他能把自己看到的未來世界的情形帶回給大家呢？可惜的是，狹義相對論為面向未來的時間旅行開啟了大門，卻沒能為重返過去的時間旅行提供同樣的理論可行性。如果一定要對狹義相對論的數學框架做廣義詮釋的話，那麼只有超光速的運動才可能導致某一類參考系中的時序被顛倒。但是狹義相對論本身在亞光速與超光速之間設置了一個光速壁壘，沒有任何已知的物理過程能夠使原本亞光速運動的物體——包括人——進入超光速運動狀態。因此在狹義相對論的理論框架內，時間旅行家可以到達未來，但卻不能重返過去，這與我們在空間中自由自在的運動相比，顯然是差得很遠的。而且，面向未來的時間旅行不一定需要時光機才能做到，通過將旅行者冷凍若干年再解凍的手段也可以達到同樣的目的。因此時光機如果存在的話，它真正獨特的價值不在於面向未來，而在於重返過去。

那麼重返過去的路在哪裡呢？

在狹義相對論之後又過了 10 年，愛因斯坦提出了廣義相對論。在廣義相對論中，時間和空間不僅如狹義相對論中一樣與參考系的選擇密切相關，而且還有賴於物質的分布和運動。由此產生的一個不同於狹義相對論的重要結果是：我們對「未來」的定義不再是絕對的了，它會受到物質運動的影響。在不同時刻、不同地點，「未來」有可能指向不同的方向。這是一個奇妙的結果，它表明時空在某種意義上就像流體一樣會受到物質運動的拖曳，甚至連時間的方向都有可能因拖曳而改變。

既然時間的方向可以被物質的運動所拖曳，那麼有沒有可能存在某種物質的分布與運動，它對時間方向的拖曳如此顯著，以至於把未來方向拖曳成過去方向，甚至讓不同的時間方向首尾相接，連成一條閉合曲線呢？這樣的閉合曲線如果存在，無疑就是一種時光機。因為沿這種曲線運動的飛船每時每刻都在做正常的飛行，感受到正向的時間流逝，但它的軌跡卻不僅在空間上，而且會在時間上回到出發點。如果你乘坐飛船沿這樣的曲線做一次為期 10 年的旅行 ③，那麼在旅行結束時你不僅會回到飛船出發的地方，並且會遇見 10 年前整裝待發的自己 ④！物理學家們把這種奇妙的曲線稱為「閉合類時曲線」，它是時光機這一科幻術語在廣義相對論中的代名詞。倘若存在閉合類時曲線，時間旅行就有了理論上的可能性。

那麼在廣義相對論中，是否存在閉合類時曲線？或者確切地說，是否存在使閉合類時曲線成為可能的物質分布與運動呢？對這個問題，物理學家們做了許多研究。

廣義相對論與時間旅行

1949 年，著名邏輯學家哥德爾（Kurt Gödel）在廣義相對論中發現了一個非常奇特的解，描述一個如今被稱為「哥德爾宇宙」（Gödel universe）的整體旋轉的宇宙。在這種宇宙中，物質的旋轉對時間方向會產生拖曳作用，離旋轉中心越遠，拖曳作用就越顯著。在足夠遠的地方，拖曳作用足以形成閉合類時曲線。因此，在哥德爾宇宙中只要讓飛船沿某些遠離旋轉中心的軌道運動，原則上就可以實現時間旅行。哥德爾這位曾經以哥德爾不完備定理（Gödel's incompleteness theorems）震撼整個數學界的邏輯學家，又用他的旋轉宇宙震動了包括愛因斯坦本人在內的許多物理學家。

可惜的是，哥德爾宇宙並不符合天文觀測。首先，我們所生活的宇宙並不存在整體的旋轉 ⑤；其次，在哥德爾宇宙中宇宙學常數是負的，而我們觀測到的宇宙學常數卻是正的。因此我們所生活的宇宙顯然不是哥德爾宇宙。不僅如此，定量的計算還表明，即便我們真的生活在一個哥德爾宇宙中，也很難實現時間旅行，因為沿哥德爾宇宙中的閉合類時曲線運行一周所需的時間與宇宙的物質密度有關，對於我們所觀測到的物質密度而言，沿閉合類時曲線運行一周起碼需要幾百億年的時間。因此哥德爾宇宙對於時間旅行並無現實意義。

不過，哥德爾宇宙雖然沒有現實意義，但它的發現表明廣義相對論的確允許閉合類時曲線的存在，這本身就是一個鼓舞人心的結果。自那以後，物理學家們在廣義相對論中又陸續發現了其他一些允許閉合類時曲線的解。比如 1974 年，美國杜蘭大學（Tulane University）的物理學家梯普勒（Frank J. Tipler）研究了一個無限長的旋轉柱體外部的時空⑥，結果發現只要旋轉速度足夠快，這樣的柱體對外部時空所起的拖曳作用也足以形成閉合類時曲線。又比如 1991 年，普林斯頓大學的天體物理學家高特（John Richard Gott III）發現兩條無限長的平行宇宙弦以接近光速的速度彼此擦身而過時，也會在周圍形成閉合類時曲線。與梯普勒人為引進的旋轉柱體不同的是，宇宙弦的存在雖然還沒有明確的實驗證據，但它是許多前沿物理理論所預言的東西。因此高特的結果可以算是把時光機在理論上的可能性又推進了一步。

但是梯普勒與高特為了數學上的便利都引進了無限長的物質分布（即「無限長的旋轉柱體」和「無限長的平行宇宙弦」），這在現實世界中顯然是不可能嚴格實現的。假如物質的分布不是無限的，還可以得到類似的結果嗎？物理學家們對此也做了研究，但情況不容樂觀：1992 年，著名物理學家霍金（Stephen Hawking）給出了一個令人沮喪的結果，那就是如果能量密度處處非負，那麼試圖在任何有限時空區域內建造時光機的努力要想成功，都必須產生物理學家們最不想看到的東西——時空奇點⑦。時空奇點對於研究廣義相對論的人來說是並不陌生的，它具有一系列令人頭疼的性質，比如物質的密度發散，時空的曲率發散等等⑧。雖然沒有人確切知道時空奇點的出現會對時間旅行產生什麼影響，但這種影響很可能是凶多吉少的。

霍金的這個結果對於建造時光機無疑是壞消息，但細心的讀者也許注意到了，這個結果中有一個限制條件，那就是「能量密度處處非負」。這個條件粗看起來是非常合理的，但我們在介紹蟲洞的時候已經提到過，負能量物質的存在不僅在理論上是可能的，而且已經得到了實驗的證實。

既然負能量物質可以存在，那麼霍金的結果（確切地說是其中的結論部分）就有可能被避免。這方面的研究事實上早在霍金的結果出現之前就已經有人進行了——當然目的不是為了避免當時尚未出現的霍金的結果：加州理工大學的物理學家索恩（Kip Thorne）與學生莫里斯（Mike Morris）等人在 1988 年發表的一項有關「可穿越蟲洞」（traversable wormhole）的研究中，發現蟲洞不僅是空間旅行的通道，而且還可以作為時間旅行的工具——只要讓蟲洞的出入口以接近光速的速度作適當的運動，就可以將蟲洞轉變成時光機 ⑨。由於蟲洞中含有負能量物質，因此他們這種時光機可以避免霍金的結果，不導致時空奇點（從這個意義上講，負能量物質還真是很有「正能量」）。索恩等人的這一研究把科幻小說中最具魅力的兩個概念——蟲洞與時光機——聯繫在了一起，集「萬千寵愛」於一身，很快就成為了建造時光機的熱門方案。

但是，索恩等人的蟲洞時光機雖然可以避免霍金的結果，卻立即遇到了另一個棘手的問題，那就是蟲洞一旦成為時光機，在類時曲線閉合的一剎那，任何微小的量子漲落都有可能通過那樣的蟲洞返回過去，與它本身相疊加。這種疊加過程可以在零時間內重複無窮多次，由此產生的自激效應足以在瞬間將時光機徹底摧毀！這種效應不僅危及索恩等人的「蟲洞時光機」，對其他類型的時光機也同樣具有威脅。1992 年，霍金乾脆提出了著名的時序保護假設（chronology protection conjecture），認為自然定律不會允許建造時光機。不過迄今為止，這還只是一個假設，而且霍金的論據也不是無懈可擊的，對時光機的理論可行性持樂觀看法的物理學家們陸續提出了一些模型來突破霍金對時光機的封殺。這方面的討論目前仍在繼續。

時間旅行與因果佯謬

有關時光機的討論除了探討它的理論可行性外，還有一個非常重要的方面，那就是探討時光機假如存在，我們能用它來做什麼？

粗看起來，這似乎不成之為問題，既然能夠做時間旅行，那麼到達目的時間之後自然應該是想做什麼就可以做什麼——只要不違反物理學定律。但細想一下，事情又不那麼簡單。舉個例子來說，倘若時間旅行者回到自己出生之前，他能夠阻止自己父母的相識嗎？這似乎不需要違反任何物理學定律。比如時間旅行者若在自己的父母相識之前，向後來會成為自己父親的那個人開槍，子彈似乎完全可以在不違反任何物理學定律的情況下擊中目標，造成致命傷害。但如果那樣的行動成功了，我們就會立刻陷入所謂的「因果佯謬」（causality paradox）之中。因為如果時間旅行者的父母因為他的阻撓而沒有相識，那麼世上就不會有他；而世上如果沒有他，他又如何能夠返回過去並阻止自己父母的相識呢？像這樣的佯謬在考慮時間旅行時數不勝數，它們都起源於時間旅行對因果時序可能造成的破壞。

這類佯謬該如何解決呢？在科幻小說或電影中，解決的方式往往是通過各種巧合。比如前面提到過的威爾斯的《時光機器》在 2002 年被拍攝成影片時，或許是為了對主人公建造時光機的動機做出某種說明，導演增添了主人公情人被害，他試圖重返過去加以挽救的情節。在那段情節中，主人公想盡辦法，卻總是顧此失彼，他的情人總會以這樣或那樣的方式死去。顯然，同樣的手法也可以用來避免時間旅行者阻止自己的父母相識。比方說當時間旅行者正要採取某種手段阻止父母相識時，不小心踩到一塊香蕉皮摔傷住進醫院，從而錯過了時機 ⑩。這樣的解決佯謬的方式被一些物理學家戲稱為「香蕉皮機制」（banana peel mechanism）。在「香蕉皮機制」下，時間旅行者看似能夠自由行事，但每當其行為將要導致因果佯謬時，總會受到某些看似偶然的因素干擾，致使行為失敗。

這種「香蕉皮機制」很適合編寫戲劇性的故事情節。但從物理學的角度講，很難想像物理學定律需要通過如此離奇巧合的方式來解決佯謬⑪。更何況，香蕉皮機制還有一個致命弱點，那就是它往往只著眼於保證一兩個核心事件——比如影片《時光機器》中主人公情人的死亡，或者我們所舉的例子中時間旅行者父母的相識——的發生不會被時間旅行所改變，卻無法兼顧其他事件。比如影片《時光機器》中主人公的情人以不同方式死亡會在當地報紙上留下不同的報導；我們所舉的例子中，時間旅行者的摔傷住院也會在當地醫院中留下相應的記錄。這些事件對特定的故事來說並不突出，但從維護因果時序或歷史的角度講卻與核心事件有著同等的重要性。事實上，自然界的各種事件之間存在著千絲萬縷的聯繫，任何看似微小的變化，都有可能通過這種聯繫逐漸演變成重大事件，這一點對混沌理論中的蝴蝶效應（butterfly effect）有所瞭解的讀者想必不會陌生⑫。

除香蕉皮機制外，在一些科幻故事中還可以看到另外一種觀點，那就是在一定程度上放棄因果律，以擴大時間旅行者的行動自由。在這種觀點下，歷史可以近乎隨意地被改變，並且改變的結果可以影響到現實世界中的許多事情。科幻影片《黑洞頻率》（Frequency）體現的就是這種觀點。在那部影片中，主人公雖然沒有直接進行時間旅行，但他通過與30年前去世的父親建立聯絡，具備了間接改變歷史的能力。在影片中，歷史事件的每一次改變都會直接改變30年後的現實世界。比如由於歷史事件的改變導致主人公母親意外死亡，30年後主人公母親的相片就會從相框中突然消失。顯然，這種觀點幾乎等於放棄已知的物理學定律，比試圖保護現實的香蕉皮機制更為離奇。

凝固長河與平行宇宙

像「香蕉皮機制」或放棄因果律這樣的做法，雖然也有物理學家表述過，但總體來說，它們與現實物理學定律之間的差距太大，很少有物理學家會在沒有足夠證據的情況下，對物理學定律做如此劇烈的變動。

對物理學家們來說，更感興趣的問題是：在現有物理學定律的基礎上，能否理解或避免由時間旅行所可能導致的因果佯謬？

對於這一問題，物理學家們尚未形成一致的看法。我們在這裡向讀者介紹兩種主要的觀點。

第一種觀點認為時間和空間是對物理事件的完整標識。因此一旦時間和空間同時確定，物理事件也就完全確定了。從這個意義上講，如果我們把時間比作一條長河，那它其實是一條凝固的長河，它的每個截面——對應於一個確定時刻所有物理事件的全體——都是固定的，就像電影底片一樣。按照這種觀點，歷史只能有一個版本，如果時間旅行者能夠回到過去，唯一的可能是他原本就存在於過去。這話聽起來有點玄妙，用平直一點的話說就是時間旅行者回到過去後所做的一切都只能精確地演繹歷史上已經存在過的一個人。如果他試圖阻止自己父母相識，卻不小心踩到香蕉皮摔傷住了院，那麼在歷史上就的確存在過這樣一個人，乘坐奇怪的機器從天而降，很不幸地踩到香蕉皮摔傷住了院，傷癒後又乘坐奇怪的機器離去。換句話說，時間旅行者並不能對歷史做分毫的改變，他甚至連歷史的旁觀者都不是，因為他原本就是歷史的一部分。這種觀點對於熱衷時間旅行的人來說無疑是令人失望的，因為如果一切都是不可改變的，那麼時間旅行也就失去了最重要的價值。

幸運的是，第二種看待時間旅行的觀點要開放得多，這種觀點來源於美國物理學家艾弗雷特（Hugh Everett III） 1957 年提出的一種奇特的量子力學詮釋——多世界詮釋（many world interpretation）⑬。我們知道，量子力學的一個重要特點就是對量子體系進行測量的結果往往是不唯一的。那麼，一個具體的測量結果究竟是如何產生的呢？物理學家們提出了許多不同的觀點。有些物理學家認為當我們對量子體系做測量時，體系的狀態會發生坍縮，我們觀測到的測量結果是一個坍縮後的狀態。在這種觀點中，狀態的坍縮是一個不可預測的過程。與之相反，艾弗雷特等人的多世界詮釋則認為，並不存在這種不可預測的狀態坍縮，量子測量的結果是世界分裂為一組平行宇宙。所有量子力學中可能出現的測量結果都是真實存在的，只不過它們分別存在於各自的平行宇宙而非單一世界中。觀測者所得到的測量結果，只不過是他（她）所在的平行宇宙中的特定結果而已 ⑭。如果我們把這種觀點運用到時間旅行中，認為時間旅行者不僅跨越時間，而且還跨越不同的平行宇宙，那麼所有的佯謬就都迎刃而解了 ⑮。比如時間旅行者阻止自己父母的相識就不再成為佯謬，因為所有這一切都發生在一個不同的平行宇宙中。在那個宇宙中他的父母原本就不相識，他自己也原本就不曾出生過。這與阻止父母相識的時間旅行者本人出現在那個宇宙中並不矛盾，因為時間旅行者是來自於另一個平行宇宙的，在那個平行宇宙中他父母依然相識。在這種觀點下，每個平行宇宙的歷史仍然是唯一的，但是所有物理定律許可的歷史都會在某個平行宇宙中得以實現，時間旅行者雖然無法改變任何一個平行宇宙的歷史，卻可以自由地選擇進入哪一個平行宇宙，他不能改變歷史，卻可以選擇歷史 ⑯。

幻想與歷史

經過了這些討論，現在讓我們回到本文的標題上來，時間旅行究竟是科學還是幻想？據說索恩與學生發表有關蟲洞及時間旅行的論文時，曾經擔心被同事們認為是不務正業。但我們在本文中已經看到，在時間旅行這個主題背後有著一系列值得深入研究的物理學課題。事實上，現在的確有一小部分物理學家——其中包括世界頂尖大學的教授——在對這些課題進行認真的研究。這種研究除了試圖探討科幻小說中這些迷人話題的理論可行性外，一個很重要的動機是要探索現有物理學定律的邊界，探索在最離奇的情形下物理學定律可以告訴我們什麼。從這個意義上講，時間旅行無疑是一個有著豐富科學內涵的課題。

但是另一方面，從現實可行性上來講，起碼就我們目前所知的物理學定律而言，時間旅行很可能只是一種幻想。我們在前面討論過許多有可能形成閉合類時曲線的理論模型，撇開它們面臨的種種理論難題不論，在那些討論中我們還忽略了一個很重要的方面，那就是雖然從結構上講，閉合類時曲線與能讓人類使用的時光機完全類似，但在規模上卻有著巨大差異。以索恩等人的蟲洞時光機來說，為了讓人類能夠使用這種時光機，蟲洞必須是可穿越蟲洞。而我們在有關蟲洞的介紹中已經看到，建造可穿越蟲洞是一件幾乎不可能做到的事情，更遑論讓蟲洞的出入口以接近光速的速度作特定的運動了。因此，索恩的蟲洞時光機無論在理論上是否可能，在現實世界中實現的可能性都是微乎其微的。

限於篇幅，我們有關時間旅行的介紹到這裡就告一段落了。十多年前，霍金曾經問過這樣一個問題：假如時間旅行是可能的，為什麼在我們周圍至今尚未充斥著來自未來世界的時間旅行者呢？這個問題的潛臺詞是：時間旅行者沒有來到我們周圍，最有可能的原因是時間旅行在整個時間長河中——也就是永遠——都沒有實現過。當然，霍金並沒有把這樣的問題當作是對時光機的一個認真的理論詰難。不過，他的這個問題還是引起了一些物理學家的思考，並且他們找到了一種可能的回答：即我們目前所知的有可能實現時間旅行的理論模型，有一個很可能具有普適性的共同特點，那就是不允許時間旅行者回到時光機存在之前的年代。因此，假如西元 2500 年有人建造出了時光機，那麼時間旅行者只能訪問西元 2500 年之後的年代 ⑰，他們永遠無法來到我們周圍，更無法像一些科幻小說描繪的那樣，回到史前時代去捕捉恐龍——那些歷史已經或將要無可挽回地被時間長河所吞沒，就像美國物理學家格林（Brian Greene）所說的：在時光機建造成功之前的每一個年代，都將成為我們以及我們的子孫後代永遠無法觸及的歷史。

從這個意義上講，如果時間旅行是可能的話，早一天建造出時光機就是多拯救一天歷史。

2006 年 5 月 18 日寫於紐約
2014 年 12 月 7 日最新修訂

註釋

① 本文曾發表於《科幻世界》2006 年第 7 期（科幻世界雜誌社出版）。

② 在 1892 至 1895 年間，荷蘭物理學家勞侖茲（Hendrik Lorentz）等人曾在研究電磁理論時提出過一些有別於絕對時空觀的假設，但這些假設並未成為主流，後來則被相對論所取代。

③ 這裡「為期 10 年」指的是飛船上的時間。

④ 事實上，不僅旅行結束時的你會看到 10 年前的自己，10 年前的你在出發時也會看到 10 年後凱旋歸來的自己。假如你在出發時什麼都沒看到，說明旅程中必定會發生意外，使你無法回到旅行的起點。在這種情況下，你或許應該取消旅行！

⑤ 當然，這是指在現有的觀測精度內沒有發現宇宙的整體旋轉。另外，有讀者可能會問：什麼是宇宙的整體旋轉？這種旋轉是相對於什麼來定義的？這類問題可以視為是跟奧地利哲學家馬赫（Ernst Mach）的觀點，即旋轉必須是相對的，一脈相承。不過，儘管愛因斯坦本人曾經推崇過馬赫，但廣義相對論事實上並不嚴格遵循馬赫的哲學觀點。

⑥ 梯普勒並不是最早研究這一時空的物理學家，早在 1937 年，荷蘭物理學家範斯托克姆（Willem Jacob van Stockum）就曾研究過這一時空，只不過沒有像梯普勒那樣對其因果特性進行分析。

⑦ 確切地講，許多物理學家都得到過類似的結果，霍金的只是其中之一。

⑧ 奇點的嚴格定義本身就是廣義相對論中一個非常棘手的課題，這裡敘述的只是某一類奇點的特性，更詳細的敘述可參閱拙作《從奇點到蟲洞：廣義相對論專題選講》（清華大學出版社，2013 年）。

⑨ 具體地說，讓蟲洞成為時光機所需的最簡單的運動是那種使蟲洞兩個出口之間的外部空間距離迅速改變，而蟲洞本身的長度卻不改變的運動。產生這種運動並不容易，但在原則上是可以做到的。關於「蟲洞時光機」的更詳細介紹，可參閱拙作《從奇點到蟲洞：廣義相對論專題選講》（清華大學出版社，2013 年）。

⑩ 當然，這只是最簡單的巧合（不過「香蕉皮機制」因之而命名，故特意舉出）。

為了情節的需要，我們還可以設想更為複雜的巧合。比方說時間旅行者試圖向後來會成為他父親的那個人開槍，卻因為心情矛盾導致槍法失準，沒有擊中「父親」，卻擊中了「父親」的情敵！他試圖阻止父母相識的行動非但沒有達到目的，反倒為他父母的結合鋪平了道路。他的行動不僅沒有破壞因果關係，反而成為了維護因果關係所必需的，等等。像這種近乎宿命的巧合在科幻故事中用得也很多。

⑪ 儘管如此，還是有物理學家做過這方面的考慮。比如俄國物理學家諾維科夫（Igor Novikov）曾經提出過一個假設，認為物理學定律會——哪怕通過離奇巧合的方式——自動保證不出現因果佯謬。這個假設被稱為「諾維科夫自洽性假設」（Novikov consistency conjecture），它可以算是香蕉皮機制的理論版本。不過這個假設一直缺乏具體的實現方式。

⑫ 舉個例子來說，如果時間旅行者回到過去後把一塊小石頭放在路上，然後離開。這樣的事件無疑是非常微不足道的，但它有可能導致某位行人因踩到石頭而扭傷腳。而這位倒楣的行人有可能恰好是一位物理學家，他正要去做一個有關時間旅行的學術報告，卻因為扭傷了腳而取消報告。而那個學術報告的聽眾中有可能恰好有一位年輕人因為這個報告的影響而投身於時間旅行的研究，並最終成為時光機的建造者。在這種情況下，時間旅行者放在路上的小石頭對歷史的影響就擴大成了尖銳的佯謬。因為正是這塊石頭的出現，使得一位物理學家取消了學術報告，既而又使得一位年輕人因沒有聽到這個學術報告而不再以時間旅行作為自己的研究方向，而這最終導致了人類沒能研製出時光機。但如果人類沒能研製出時光機，時間旅行者又如何能夠放置那塊小石頭呢？

⑬ 艾弗雷特是多世界詮釋的提出者，不過「多世界詮釋」這一術語卻是美國物理學家德威特（Bryce DeWitt）提出的。

⑭ 需要指出的是，多世界詮釋的原始表述其實並不依賴於像「多世界」或「平行宇宙」 那樣的概念。後來流行的「多世界」或「平行宇宙」概念從某種意義上講是對多世界詮釋本身的詮釋。

⑮ 當然，這裡所謂的「迎刃而解」，是建立在有著極大爭議性的平行宇宙概念之上的，因而本身也是有著極大爭議性的。此外，所謂「迎刃而解」，首先還假定所討論的問題有意義，這同樣有可能是不成立的，因為時間旅行完全有可能是如霍金猜測的那樣被物理學定律所禁止的，由時間旅行所導致的因果佯謬也因此完全有可能是偽問題。

⑯ 即便按照這種觀點，科幻小說中的許多情節也是不可能實現的。比如通過時

間旅行者對某個歷史事件的干預來改變人類命運就是不可能的。時間旅行者的努力，只能使他自己進入一個人類命運截然不同的平行宇宙中去，而試圖通過這一努力來改變自己命運的原平行宇宙中的其他人的命運，將不會因此而改變。

⑰ 注意，這並不是說時間旅行者只能作面向未來的時間旅行。在時光機存在之後的那些年代之間，他們的旅行既可以面向未來也可以面向過去，他們只是無法回到時光機建造之前的年代去。

第四部分　其他

BECAUSE STARS ARE THERE:
BRICKS AND TILES OF THE TEMPLE OF SCIENCE

從民間「科學家」看科普的侷限性

繪畫｜張京

半年多前，我在網上偶然發現了一個名為「超弦學友論壇」的網站。

那是一個以討論超弦理論及相關話題為主的中文學術論壇，設有一個主論壇和一個灌水區，後者是留給與學術無關的話題的。常言道：「林子大了，什麼鳥都有」，建一個灌水區可以讓不做學術的鳥兒也有個試嗓子的地方。與其他論壇相比，「超弦學友論壇」的最大特點，是有幾位中科院及中國科技大學的教授主持，因此秩序相對好些。我初次光顧該論壇的時候，主論壇上有教授和同學們的許多討論，就像一個網路課堂。但不久前舊地重遊，卻發現「林子」裡的光景已經大變，主論壇上有大批民間「科學家」往來穿梭，在灌水區卻發現了一位原先很活躍的教授的蹤跡。教授在那裡發了一個短短的跟帖，所跟的是他本人被別人轉過來的一篇文章。教授在跟帖中寫道：

謝謝轉帖，但我希望儘量不要將我的東西轉貼到隔壁，因為隔壁演變成了一個民間「科學」論壇。

這一跟帖對論壇無疑是一個警訊，不久之後論壇的管理員出來刪除了一些帖子。

「超弦學友論壇」所遭遇的這種情況在網上是有一定代表性的。網際網路的發展給原本需要自費印刷資料、自費前往學校或科研院所推銷「理論」的民間「科學家」們提供了極大的便利，使他們亮相的成本大幅降低，「出鏡率」 也因此大幅提高。大眾對民間「科學家」的態度遂成為近年來較有爭議的一個話題。

民間「科學家」這一概念並沒有一個很嚴格的定義，因為這是一個具有相當複雜性的群體。往上了看，一部分科學家在其童年或少年時期的思維形式與某些民間「科學家」也有一定的相似性；往下了看，許多偽科學或反科學人士的思維形式與民間「科學家」同樣有一定的相似性。粗略地講，民間「科學家」主要有這樣兩條特徵：

一、民間「科學家」沒有接受過系統的科學訓練

這一條幾乎是定義性的。多數民間「科學家」自己也坦承這一條，就像在過去某個年代裡，大家並不避諱自己的赤貧家境一樣。這裡所說的系統的科學訓練並不單單指的是科班出身，完全也可以是達到同等層次的高水準的自學。此外，這裡所說的系統的科學訓練是以真正學到手為判據的，而不是僅僅混到一個文憑。

二、民間「科學家」無意接受系統的科學訓練

這一條往往被人忽略，不過我覺得這一條其實很關鍵。因為即使是最優秀的科學家，也並非是生來就接受過系統的科學訓練的，因此「沒

有接受過系統的科學訓練」並不是區分民間「科學家」與科學家的最本質特徵。許多民間 「科學家」也常常用科學家在童年或少年時期的故事來為自己辯護。但被民間 「科學家」們有意無意地予以忽略的是，他們的思維形式與真正的科學家在童年或少年時期的思維形式雖有一定的相似性，但這種相似性卻永遠地凝固在了那樣一個年齡段上，彷彿自幼年起就停止了發育。民間「科學家」們雖然對科學充滿了雄心壯志，試圖「研究」科學界最艱深、最宏大的課題，試圖「推翻」 科學界最有實驗基礎的理論，但他們數十年如一日的行為卻只是在一個極低的水準上循環往復。他們可以花幾十年的時間來做「研究」，卻無意拿出幾年的時間來系統地學習科學。科學界的文獻是開放的，但由於他們無意接受系統的科學訓練，從而在實質上放棄了閱讀和理解科學文獻的能力。因此他們的「理論」無論用什麼時髦的科學術語來包裝，用科學界的標準來衡量，都只是停留在一種十分原始的、伽利略之前的思維水準上。

這兩條特徵當然既不是完備的，也不是毫無例外的，想要在這樣一個模糊的領域中建立一個絕對清晰的定義是一種徒勞。但這兩條概括了絕大多數民間「科學家」的基本特徵。

遠離了系統的科學訓練，遠離了科學文獻，民間「科學家」獲取知識的主要來源是科普讀物。因此大量民間「科學家」的出現也使我們看到了科普在向大眾傳播科學知識的過程中所顯露出的一個薄弱環節：那就是科普對於現代科學的通俗化處理具有一定程度的誤導性。

這麼說讓我自己覺得很不安，因為我非常敬重科普，希望這樣的說法不會被理解為輕視或貶低科普。我想要通過本文表達的觀點是，科普是好東西，但它所面向的讀者群體決定了它有無可避免的侷限性，它不能作為科學研究的完整背景。一個試圖研究科學的人所需獲取的基礎知識絕不能止步於科普的層次。**科普的作用是讓沒有機會研究科學的人瞭解科學；讓有機會研究科學的人喜歡科學，給他們一個「第一推動力」，讓他們超越科普、接受系統的科學訓練、繼而投身於真正的科學研究。**

科普不應該起的作用是讓有志於研究科學的人以為那就是科學，以為讀過科普就算懂得了科學。遺憾的是，科普對民間「科學家」所起的恰恰是它不應該起的作用。

科普在本質上是面向非專業讀者的，因此對許多科學概念和理論——尤其是高度抽象的現代科學概念和理論——不得不做極大的簡化。這其中最重要的一個簡化就是抽去了科學的數學框架，取而代之的是一些文字化的描述以及與日常經驗的類比。與這種對科學概念和理論的簡化相平行的，是對科學研究過程的簡化。科學發現往往被簡化成幾個概念在科學家腦海裡「靈機一動」式的組合。彷彿牛頓的萬有引力定律真的就是被蘋果砸了腦袋後「靈機一動」就想到了；彷彿愛因斯坦的廣義相對論真的就是從幾個像「升降梯實驗」那樣的理想實驗中「靈機一動」就得到了。現代科學的研究既有靈感的顯現，又有大量扎實而複雜的數學演算及實驗，兩者相輔而成。但在科普讀物中前者給人留下的印象往往遠遠深於後者，因為前者大體上是概念之旅，既新奇浪漫又富有戲劇性，而後者相形之下不僅顯得枯燥乏味，而且往往不是文字敘述所能夠完全涵蓋的。科普讀物的這些侷限性都極其明顯地體現在民間「科學家」們的「理論」以及他們的「研究」方法上。

什麼時候的科學是基本上沒有數學結構的呢？那是古代的科學，比如我國古代的五行學說，古希臘的元素學說等等。在那些學說誕生的年代裡，概念和術語的簡單組合、純粹的思辨就可以成為科學（自然哲學）。但是自伽利略之後，科學逐漸脫離純粹的思辨而進入了以實驗和數學體系為主導的時代，現代科學因此而獲得了令人讚歎的嚴密性和精確性。現代科學的這些特點在許多科普讀物中都得到了強調，有時甚至是反覆的強調。許多科普讀物的作者本身就是第一流的科學家，他們深知科學的真諦，他們的科普作品中絕沒有忽略現代科學的任何一個重要特徵（因此我們討論的是科普的「侷限性」而非「缺陷」）。但現實的情況卻是，同樣的一部作品對讀者所起的作用是和讀者本身的知識背景密切相關的。接受過系統科學訓練的讀者（包括有學術基礎的科普作者本人）會自然而然地將科普中的文字敘述與自己在科學訓練或研究中的知識及經驗相結合，從而獲得完整而深入的理解；但對於沒有接受過系統科學訓練的讀者來說，文字化的敘述往往就只會產生文字化的理解。這種理解對於普通讀者來說是足夠了，但對於一個有志於從事科學研究的人來說卻是遠遠不夠的。讀 100 遍「愛因斯坦花了整整 N 年才完成廣義相對論」的故事，也遠遠不如自己動手花 N 個小時來再現一遍愛因斯坦對水星近日點進動值的計算更能體會科學研究的感覺，更能體會現代科學描述自然的方式。這就好比是一個學程式設計的人，看幾本程式設計的書，卻一行程式都不寫是學不到程式設計的精髓的。這種「動手體會」的要求當然不是針對普通讀者的，如果是的話也就不需要科普了。但是對於真正有志於從事科學研究的人來說卻是必須的。

熱衷於砍殺相對論的民間「科學家」們，在揮舞屠刀之前，可否先與現代科學的數學體系做哪怕只是一次這樣的「親密接觸」？可否先對人類智慧幾百年來的成就做哪怕只是一個細節上的深度瞭解？

一部分民間「科學家」之所以用自己淺陋不堪的「理論」去挑戰現代科學，還往往能挑戰得神氣十足、老氣橫秋，乃至盛氣淩人，其中很重要的一點就是他們是徹底地「輕裝上陣」，他們不僅扔掉了現代科學的數學框架，也扔掉了現代科學背後龐大的實驗基礎。所以他們可以聲稱自己的一個沒有任何定量結果，沒有任何精密實驗支持的「理論」超越或推翻了一個有堅實實驗基礎的科學理論。連科學是人類描述自然的一種努力——從而必須尊重實驗觀測——這樣基本的原則都可以視而不見，現代科學在他們手中自然就變得可以任意宰割了。但是離開了這兩者（數學框架和實驗基礎），科學就退回到了伽利略之前的時代，這事實上也就是絕大多數民間「科學家」所能達到的最高水準（甚至連這樣的水準也已經是一種高估，因為哪怕在伽利略之前也已經有不少的學者，比如哥白尼、托勒密等，用相當觀測化和數學化的方式來構築理論了）。民間「科學家」們如果意識不到科普以及他們建立在科普之上的知識體系的侷限性，只怕永遠也超越不了這一水準。

提出了「統一場論」的民間「科學家」們，可否告訴我們，原則上——也就是不勞您親自動手，哪怕給個思路也行——如何用你們的理論來推算一個像水星近日點進動值那樣的實驗結果？

科普並無過錯，不僅無過，且有大功。但科普有其侷限性。這種侷限性只有當它被有志於從事科學研究的人視為科學本身，並以之作為自己「研究」科學的基礎時才會顯現出來。記得小時候讀過一則古老的哲學故事，說有一群人居住在山洞裡，面向石壁、背朝洞口。在日月星光的更替中，他們可以看到外部世界在石壁上的投影，於是他們研究起了投影的運動，日復一日，年復一年。但他們誰也沒有轉過身去看一眼山洞外的世界，他們一直以為那些投影就是整個的世界。科普就好比是那些石壁上的投影，它是科學的一組影像，而民間「科學家」們則好比是山洞裡的那群人，他們在研究影像。

影像沒有錯，但它有侷限性，研究影像也沒有錯，但如果認為影像就是整個的世界，那就錯了。

2003 年 7 月 2 日寫於紐約

什麼是民間「科學家」

One of the symptoms of an approaching nervous breakdown
is the belief that one's work is terribly important.

Bertrand Russell, 1930

新民科引發的問題

2003年7月，我曾寫過一篇有關民間「科學家」（簡稱民科）的文章：〈從民間「科學家」看科普的侷限性〉①。在那篇舊作中，我歸納了民間「科學家」的兩條主要特徵：

（1）民間「科學家」沒有接受過系統的科學訓練。
（2）民間「科學家」無意接受系統的科學訓練。

那篇舊作由於發表較早，在我的同類文章中影響較大，被包括維基百科「民科」詞條在內的很多網站引用。不過自那篇舊作發表以來，我逐漸意識到它所歸納的民科特性過於狹窄，只適用於早年常見的傳統民科。這些年來，我接觸到了很多新類型的民科，他們與傳統民科有一個很大的區別，那就是帶有「教授」、「研究員」、「博導」等學術頭銜。當然，在腐敗大潮席捲神州的今天，那些頭銜不一定都貨真價實（確切地說「價」可能是實的，但「貨」不一定真）。但不可否認的是，也確實有一些民科是或者曾經是——以後者居多——貨真價實的「教授」、「研究員」、「博導」等。那些人都曾受過系統的科學訓練，從而並不符合那篇舊作所歸納的民科特徵。但那些人的所作所為卻與傳統民科並無二致，即通過非學術管道發布不被學術界接受的「論文」，宣稱自己破解了重大科學難題，或推翻了重大科學理論②。

那些新民科的湧現，使我有必要重新討論這樣一個問題：什麼是民間「科學家」？

有關民科的幾個較具誤導性或典型性的觀點

我之所以要討論這個問題，除了想彌補舊作的不足外，還有一個用意是想借討論這個問題之機，順便澄清一些有關民科的較具誤導性或典型性的觀點。那些觀點大都來自過去這些年我接觸到的民科及其同情者。若無意外，我希望本文成為我最後一篇有關民科的獨自成篇之作（因為多寫此類文章並無太大價值，反而會讓我「日進斗敵」）。對過去接觸到的與民科有關的較具誤導性或典型性的觀點一併做些分析，可以避免留下太多有可能使我舊話重提的理由。具體地說，本文將分析以下三種較具誤導性或典型性的觀點：

（1）「泛民科」觀點。持這種觀點的人認為民科這個概念是相對的，將別人視為民科的人（比如在下），在更高水準的人（比如諾貝爾獎得主）面前，自己也將被歸為民科。這種「泛民科」觀點的威力是巨大的，它讓我想起很多年前看過的一部美國喜劇系列片《火星叔叔馬丁》（My Favorite Martian，又譯外星人報到）。在那部系列片中，火星人「馬丁叔叔」的頭頂可以升出一對具有隱形功效的天線，但有一次那天線出了故障，升起之後沒能使「馬丁叔叔」隱形。這下麻煩大了，因為那會暴露「馬丁叔叔」的火星人身份。怎麼辦呢？「馬丁叔叔」想出了一個高招，那就是讓那種天線成為流行飾品。一旦大家都戴上那樣的天線，「馬丁叔叔」的天線就不再引人注目了。這種讓所有人都變得相似的方法成為了保護「馬丁叔叔」的最佳方法，用「馬丁叔叔」自己的話說（大意）：把一棵樹藏起來的最好辦法就是把它藏在樹林裡。「泛民科」觀點對民科所起的作用也是如此，它通過讓所有人都變成程度不同的民科，而讓真正的民科得以遁形（當然，這或許只是民科同情者們的一廂情願，民科自己恐怕非但不想遁形，反而急切地想要展示自己獨有的「天線」）。

（2）將民科與學術界的非主流研究相提並論的觀點。眾所周知，學術界的研究有許多類型，其中既有主流，也有非主流。非主流研究的存在對學術界是有價值的，不僅因為它們中的某些或許有朝一日會變成主流，或具有部分價值，而且也因為它們與主流研究的競爭有時能幫助揭示主流研究的不足之處，或促使主流研究者將自己的理論表述得更嚴密。但非主流研究按定義就意味著職位及同路人較少，從而在謀職、發表等方面帶有一定的弱勢性，這一點往往被民科引為同類。將民科與學術界的非主流研究相提並論，可以起到模糊民科與學術界界限的作用，從而間接提高民科群體的地位。

（3）對「民科」中的「民」字作字面解讀的觀點。持這種觀點的人認為所謂民科，就是棲身「民間」的科學家，而學術界則是所謂的「官科」（因為「官」與 「民」相對）。如果說將民科與學術界的非主流研究相提並論可以起到模糊民科與學術界界限的作用，那麼將學術界視為與「民科」相對的「官科」所起的作用則恰好相反，那就是使民科與學術界劃清界限，並對後者進行抹黑。因為在中國，「官」字所代表的形象是相當負面的，如果學術界跟「官」是一丘之貉，那麼很多人也許會出於對「官」的反感而寧願支持「民」科。除此之外，將學術界視為「官科」還有一個好處，那就是便於民科用陰謀論的手法為自己的受迫害情結尋找依據，即把自己打扮成被「官」欺壓的「民」，把自己的觀點不被學術界接受說成是自己的創見被後者所打壓（他們顯然沒有意識到，科學史上有無數比他們新穎百倍的創見都被學術界接受了）。

民科的定義

以上三種觀點，是我這些年接觸到的有關民科的觀點中較具誤導性或典型性的。要想澄清這些觀點，有必要對民科這一概念做一個適當的定義。這個定義的思路在本文開頭其實已經涉及到了，那就是從民科的行為及發布管道入手。當我們把某些帶有學術頭銜的人列為民科時，所依據的正是他們的行為及發布管道與傳統民科相同。由此可見，從這一角度入手定義民科要比我那篇舊作所列舉的背景特徵更具適用性。不僅如此，從這一角度入手也比列舉民科的其他特徵，比如狂妄、偏執等，更具適用性，因為後者往往與民科的具體個性有關，不易一概而論，而且那些特徵大都具有貶義，容易引起不必要的意氣之爭。有鑑於此，本文擬從行為及發布管道入手，引進以下定義：

所謂「民間科學家」（簡稱民科），是指以非學術管道為主，宣稱推翻重大科學理論，或破解重大科學難題的成年人。

在應用這個定義前，讓我們對定義中的若干用語作一些簡短說明：

・「非學術管道」是指除學術刊物、學術機構預印本、學術會議等正規學術成果發布管道以外的其他管道。其中目前最受民科青睞的是博客、論壇、垃圾郵件等管道③。

・「以非學術管道為主」中的「為主」二字，是考慮到托學術腐敗的福或單憑運氣，民科們有時也能在學術刊物上發布「論文」，從而不宜一刀切。不過由於能被民科滲透的刊物通常水準較低，加上民科「論文」的水準更低，發表之後勢必石沉大海，難以彰顯「鴻鵠之志」，因此民科不管「論文」發表與否，都會以非學術管道為主進行長期推銷，以擴大影響④。這「為主」二字的另一個作用，則是防止有人以某些科學家也撰寫博客或參與論壇活動為由，來混淆其與民科的區別。對後者來說，撰寫博客或參與論壇活動並非發布論文、謀求承認的主要管道。此外還要說明的是，這「為主」二字因涉及不同管道間的比較，有時需要一定的時間才能做出可靠的判斷（一般來說，民科通過非學術管道對自己「論文」所做的推銷越賣力，就越便於人們作出可靠判斷）。

・本定義所說的「科學」既包括自然科學（物理、天文等），也包括數學。

・本定義所說的「重大科學理論」既包括意義或影響重大的理論

（比如相對論、量子力學等），也包括其他具有堅實基礎——從而往往能 「牽一髮動全身」——的命題、定理等（比如「尺規化圓為方的不可能性」等）。

· 本定義所說的「重大科學難題」既包括未解決的難題（如哥德巴赫猜想、黎曼猜想等），也包括已解決的難題（如四色定理、費馬最後定理等）， 因為重新「破解」後者也是民科們所熱衷的。

· 「成年人」三個字的使用，是為了避免將尚在系統求學階段的年輕人列為民科。如我在舊作中所說，民科的某些特徵與童年或少年時期的科學家有一定的相似之處，民科們時常利用這一點為自己辯護。一個合理的民科定義則必須將這種混淆排除在外⑤。

民科定義的應用

定義既已給出，我們就可以用它來分析一些東西了。

首先可以看到的是，上述定義與我舊作中所歸納的傳統民科的兩條特徵是相容的（但涵蓋面更廣，因為它還涵蓋了本文開頭所提到的帶有學術頭銜的民科）。因為滿足那兩條特徵的傳統民科顯然無法躋身學術界，從而必然只能以非學術管道為主來宣布自己的「發現」。這表明傳統民科符合上述定義。其次我們還可以看到，民科的若干常見言論與上述定義也有很好的相容性，甚至有一定的因果傳承關係。比如正因為民科是以非學術管道為主宣布自己的重大「發現」，從而往往要面對如此重大的「發現」為何要用如此「簡樸」的管道發布的問題，對此的「最佳回答」莫過於是把自己比喻成當代的哥白尼、布魯諾，把學術界比喻成當年的教廷（或當今神州的官場），這正是民科言論中很常見的類型。而一些民科言論所展現出的病態的狂妄與偏執，則與自以為作出重大「發現」後成名慾的爆棚，及在學術管道前「小扣（或猛踢）柴扉久不開」後的憤恨不無關係。

接下來讓我們再用上述定義來分析一下前面提到的那幾種具有誤導性或典型性的觀點：

（1）「泛民科」觀點。這種觀點的謬誤之處在於忽略了上述定義中的「以非學術管道為主」及「破解重大科學難題」、「推翻重大科學理論」等界定。**一個人是否是民科並不單純取決於水平高低，即便要論水平，也應該論相對於自己研究目標而言的水平**。一個有一定水平的人若從事的是自己水平不能及的「研究」（比如「破解重大科學難題」或「推翻重大科學理論」）而至偏執的程度（即無法以學術管道為主進行發布卻仍執迷不悟），他就會成為民科；而一位中學物理教師如果從事的是自己的教學研究，他就不是民科⑥。

（2）將民科與學術界的非主流研究相提並論的觀點。這種觀點的謬誤之處在於忽略了上述定義中的「以非學術管道為主」這一界定。**學術界的非主流研究與主流研究一樣，都是以學術管道為主發布成果的**。一旦離開那樣的管道，它們就不再是學術界的非主流研究了。只有在那時，它們才會與民科有可比性（可惜那時它們對提升民科群體的地位往往已不起作用了）。

（3）對「民科」中的「民」字作字面解讀的觀點。這種將民科理解為棲身「民間」的科學家，將學術界定義為「官科」的觀點同樣不符合上述定義。因為上述定義絲毫未涉及人在哪裡的問題，它所關注的只是行為及發布管道。一個身在民間的研究者如果以學術管道為主發布研究成果，接受同行評議，他就不是民科（一個最典型的例子就是常被民科們引為「知己」的尚在專利局時的愛因斯坦）；反過來，一個身在學術界甚至有過傑出成就的人若只能以非學術管道為主來宣稱重大「研究」，那麼無論他身在何處，名聲是否顯赫，起碼在該項「研究」中的表現可被視為民科（帶有學術頭銜的民科就屬於此類）。如果一定要對民科中的「民」字作一個字面解讀的話，那麼**雖然絕大多數民科確實身在民間，這個字的本質含義卻應該界定為發布管道的民間性**。

在本文最後有必要指出的是，如我在舊作中曾經說過的，對民科這樣一個概念做任何定義或歸納都不可能做到完備或精確。本定義也不例外，除有可能存在反例或難以判別的個例外，其涵蓋面也還不夠廣（雖比舊作來得廣，卻仍不足以涵蓋全體）。比如由於將發布管道作為定義的一部分，使得正在從事「研究」，但尚未發布任何消息（從而與外部社會尚處於絕緣狀態）的人無論其「研究」多麼民科化，都不在本定義的涵蓋範圍之內；又比如由於將「宣稱推翻重大科學理論，或破解重大科學難題」作為定義的一部分，使得「胃口」小，不以之為目標的人無論其「研究」多麼民科化，也並不在本定義的涵蓋範圍之內⑦。

2014 年 1 月 9 日最新修訂

註釋

① 已收錄於本書。

② 需要說明的是，那些曾經受過系統科學訓練的民科在行為模式上與傳統民科還是有一定區別的，主要體現在他們不像傳統民科那樣「無知者無畏」，他們文章的措辭要比傳統民科來得謹慎，語氣不像後者那樣斬釘截鐵。

③ 這裡用「垃圾郵件」一詞，並非刻意貶低，因為「垃圾郵件」是指未經對方許可強行發到用戶郵箱中的郵件（unsolicited mails），尤其是指同時發給多個用戶的郵件（unsolicited bulk mails）。民科以郵件方式向別人發送「論文」時所發的往往正是符合此定義的郵件。

④ 順便說一下，這一行為隱含著民科的「論文」無論發表與否，都未被學術界真正接受，以及民科對自己「成就」進行反覆宣稱等未在定義中直接列出的特點。

⑤ 另外可以補充的是，這裡的「成年人」一詞只是簡略說法，並不等同於年齡意義上的成年人，由於它的作用是避免將尚在系統求學階段的年輕人列為民科，因此其含義也是以是否仍處於系統求學階段為界定的。一個年齡意義上的未成年人若在從事本定義所述的民科行為的同時，已不再接受系統的科學訓練，那對於本定義來說就可被列為「成年人」。

⑥ 打個比方來說：小蛇雖小，若吃的是小動物，那就是正常行為；大蛇雖大，若意在吞象，且不死不休，那就是民科行為。

⑦ 不過，我見過的民科不少，那樣的人卻尚未見過，這或許並非偶然，而是因為「胃口」小，甘心做小課題，不好高騖遠的人不容易成為民科。

學物理能做什麼？①

說實話，接到這篇讓我向年輕人介紹「學物理能做什麼？」的約稿時，我的第一反應是婉拒。當然不是怕「年輕人」三個字把自己襯老了，而是覺得以我已經轉行了的身份來寫這樣的文章，恐怕會適得其反。因為這篇約稿的背景，是物理在高考志願中逐漸受到冷落，而約稿的目的，則是要鼓勵年輕人選擇物理。對於這個目的來說，我恐怕是一個壞榜樣。不過約稿編輯洞察先機，在約稿信中直接把我歸為「工作轉行，卻並沒有真正離開物理」這樣一類人的代表，斷了我的托詞。於是我只好老老實實來寫這篇文章。

我體會編輯讓包括我在內已經轉行的人也來寫這個話題，是想讓年輕人知道，即便他們今後實際從事的是別的職業，也依然可以報考物理專業。因為他們在這一專業所受的訓練，對從事別的職業同樣會有助益，甚至會有獨特的優勢。這樣的意思我在以前的文章中曾經作為體會述及過，但從未當作一種專業選擇的策略向任何人推薦過，因為在我看來，物理所具有的這種優勢是不能當作策略來用的。任何人如果出於喜愛物理以外的其他動機而選擇物理，其結果很可能是既學不好物理，也無法實現原本希望通過物理來實現的其他目標。因為物理對於不喜愛它的人來說，並不是一門容易的專業。

但另一方面，物理在高考志願中所受的冷落，未必是因為越來越多的年輕人已不再喜愛物理，而很可能只是因為年輕人變得更現實了，或受到了來自親朋好友更現實的勸告。我想本文的真正讀者應該是這部分年輕人，而本文所要表述的觀點是：請不要因為擔心未來的出路而放棄自己喜愛的物理。這並非是勸誡任何人為了理想放棄現實，而只是說，起碼就物理而言，這兩者之間的距離並不像許多人以為的那樣遙遠，從而**沒有必要**擔心，更沒有必要因此而早早地放棄自己的理想。一個人源自年輕時代的激情，在未來的人生之路上往往是難以再現的，給自己一個機會去追求並真正瞭解自己的興趣，是明智而無悔的選擇，過早地放棄——尤其是建立在錯誤理由之上的放棄——則是令人惋惜的。

好了，現在我們言歸正傳，從求職的角度來說說「學物理能做什麼？」。其實這個問題基本上是不需要回答的，因為相反的問題——即學物理不能做什麼——恐怕反而是比較困難的。在學物理所能做的事情當中，除了物理本身以外，還涉及許許多多其他職業，本文只舉其中一個例子：金融。之所以舉這個例子，除了金融是一種熱門職業外，更重要的是因為這個曾經與物理風馬牛不相及的職業，比其他職業更能體現出人們從學物理中獲得的能力所具有的廣泛適用性。

如果不考慮零星的個例，物理學家進入金融界大致可以追溯到 20 世紀 70 年代末的美國。當時由蘇聯發射人造衛星在美國引發的科技震盪及熱潮已漸漸消退，很多物理專業的學生開始尋找新的求職領域。而在那之前不久，金融領域本身發生的一些變化，恰好為物理學家的進入創造了條件。1973 年，當時在芝加哥大學（University of Chicago）和麻省理工學院（MIT）的經濟學家布萊克（Fischer Black，1938-1995 年）、休斯（Myron Scholes， 1941-）及默頓（Robert C. Merton，1944-）等人提出了有關衍生性金融商品（Derivatives）的數學模型。這個數學模型（稱為布萊克－休斯模型）的基礎是一組偏微分方程，而這組偏微分方程與物理學上用來模擬隨機過程的某些方程式具有一定的相似性。顯然，物理學家們在研究這種方程式上具有很大的優勢。而且這種優勢不僅僅來自於那些方程式與物理方程式之間的相似性，更多地是來自物理學家們所具有的處理包括那種方程式在內的各種複雜問題的普遍技巧，以及修正舊模型、構建新模型的能力。在瞬息萬變的金融世界裡，這種能力無疑具有極大的重要性。

衍生性金融商品在 20 世紀 70 年代時還是一種不太重要的東西，默頓在當年論文的開頭甚至表示，為此發展一套理論也許是不值得的。但在 30 多年後的今天，衍生性金融商品的市場規模卻遠遠超過了像股票那樣的傳統金融產品。1997 年，默頓和休斯因為當年那「也許是不值得的」工作獲得了諾貝爾經濟學獎（布萊克很遺憾地因為已經去世，無法分享這一榮譽）。而物理學家參與其中共同打造的這種以金融模型分析為主要職責的新角色，也早已成為了金融界的一種重要的新興職業：定量分析師（quantitative analyst，簡稱 quant）。由於這一職業的興起，在 20 世紀 90 年代，華爾街成為了向物理學家提供職位最多的領域之一。在某些公司中，物理學博士的人數竟然占到了公司總人數的三分之一甚至更多。到了 2007 年，就連物理學界最著名的論文預印本檔案館 arXiv.org 也為參與金融分析的物理學家們增添了一個新的論文類別：定量金融（quantitative finance）。這個類別如今每個月都有幾十篇論文。

在物理學家眼裡，一個領域的成熟往往意味著它的淡出。對於金融分析來說，這一天即便存在也還很遙遠。事實上，富有戲劇性的是，就在默頓和休斯獲得諾貝爾獎的第二年，這兩人曾親自出任董事會成員的著名對沖基金：美國長期資本管理公司（Long-Term Capital Management）就陷入了重大危機，被其他公司接管。而全球金融危機的爆發更是使很多人對金融世界究竟存不存在規律產生了懷疑。有人認為，早在 20 世紀 60 年代末，有「碎形之父」美譽的數學家曼德布洛特（Benoît B. Mandelbrot，1924-2010）就已經提出過，金融世界在本質上是混沌的。但另一些人則認為，即便金融世界果真是混沌的，那也只不過是說我們無法進行長期預測，定量分析師仍然有可能通過分析短期規律來獲取利潤。究竟哪種觀點正確，恐怕還有待於更多的討論，這其中也不乏物理學家參與的餘地。

在約稿信中，編輯曾建議我結合自己的經歷談談體會，不過我想這對年輕人恐怕不會有勸導力，因為我並不是什麼成功人士。我唯一能說的，是當我離開物理去做別的職業後，從未遇到過技術性的困難，所有的問題與我曾經解決或試圖解決過的物理問題比起來，都顯得相對簡單。有時我會想到一個或許不太貼切的比喻：小時候我像很多其他小朋友一樣，看電影《少林寺》入了迷，幻想著自己也能練一些武功，比如輕功。於是我讓媽媽給我做了一對可以綁在腿上（但不能讓小朋友們看出來）

的沙袋，天天紮著走，期待有朝一日去掉綁腿後就算不能飛簷走壁，起碼也能健步如飛。我覺得，學物理所受的訓練就好比是紮著綁腿走路的那種鍛煉，而轉到別的職業後的感覺是去掉了綁腿。走路本身的難度並沒有改變，但因為有了紮綁腿練就的基礎，走路時就可能會覺得比較輕鬆。

我記得很多年前，人們曾經很看重學歷，後來的一個鮮明轉變是越來越多的人意識到了能力重於學歷。類似地，專業曾經是很重要的求職憑據，但在日益注重能力的時代裡，專業與職業的關聯也在很大程度上讓位給了能力與職業的關聯。一個專業對口的人雖然能比其他人更快地投入工作，但這個優勢往往只體現在最初的一小段時間裡。一旦大家都熟悉了業務之後，究竟誰更有效率，誰更能處理複雜問題，誰更能應對尖銳挑戰，終究還是要看能力。而學物理對能力的訓練是比較全面的，既有嚴密的數學和邏輯，又能與現實數據打交道，這個專業具有廣泛的適用性是不足為奇的。

在本文的最後，請允許我再強調一次：本文的目的不是鼓勵不喜愛物理的人通過學物理來達到其他目的（比方說，如果你想做的原本就是金融，那就不要去學物理），而只是想告訴喜愛物理的年輕人，學物理不是單行道，不要為出路擔心，更不要因為無謂的擔心而過早地放棄物理。美國物理學家費曼（Richard Feynman，1918-1988 年）在去世前不久曾收到過一位父親的來信，為自己即將進大學的孩子的前途問題徵詢意見。費曼在回信中提了這樣一條建議：「別考慮你想成為什麼，只考慮你想做什麼。」

喜愛物理的年輕朋友，如果你現在想做的是學物理，那就聽費曼的話，大膽地去做吧。

2010 年 4 月 22 日寫於紐約

① 本文曾發表於《現代物理知識》2010 年第 3 期（中國科學院高能物理研究所）。

關於普通科普與專業科普

本文的主要目的是敘述一下我對科普——尤其是數學、物理類科普——的某些零星想法，作為對拙作《黎曼猜想漫談》的後記所提到的「普通科普」與 「專業科普」這兩個概念的注釋，並對專業科普的價值略作評述。

我覺得普通科普（即基本不用數學公式的科普）比較適合於介紹那些容易進行通俗類比的東西，因為通俗類比是向普通讀者介紹技術性內容的最有效的手段之一，通常具有將定量轉化為定性，將不熟悉概念轉化為熟悉概念的作用（當然，往往會因轉化而導致拙作〈從民間「科學家」看科普的侷限性〉所述的那些侷限性）。對於不容易進行通俗類比的內容，普通科普則會面臨不小的困難，並且常常會陷入這樣的困境：即對某些無法回避的數學公式或技術性內容不得不進行缺乏類比，或類比得不太貼切的文字描述，有時甚至不得不對數學公式進行文字化的「直譯」或複述——後者或許可以稱為「文字公式」。

「文字公式」相較於數學公式來說，其實往往是更不容易理解的東西。事實上，從歷史上講，數學符號之所以被引入科學，乃是因為它有著文字無法替代的簡單性和清晰性。從這個意義講，**從文字到數學符號乃是往簡單和易於理解的方向邁出的一步，而不是相反；而對數學公式進行文字「直譯」或複述，反倒是在一定程度上重新退回到了「史前」科學的繁瑣、晦澀及模糊**。那樣的敘述雖然在表面上避免了被科普界視為「票房毒藥」的數學公式，給人以普及的印象，實際上卻未必比直接使用數學公式更具普及性。因為沒有數學基礎的讀者讀到這種「文字公式」後，雖然每個字都認識，卻未必能把握整句話的確切含義（或產生一個把握了的錯覺）；而有一定基礎的讀者看了這種「文字公式」則可能會有隔閡感，會在腦子裡試圖將「文字公式」還原成數學公式，卻遠不如直接看到後者來得輕鬆透徹。因此，對於那種為回避數學公式而不得不訴諸「文字公式」的題材，使用「文字公式」的實際結果有可能是兩頭不討好，即既不能有效地幫助普通讀者理解公式的含義，也投不了有一定基礎的讀者所好。對於那樣的題材，我覺得專業科普（即介於普通科普與專著之間、不回避數學公式的科普，有時也稱為「高級科普」，不過我更傾向於「專業科普」這一術語，以避免因「高級」一詞造成普通科普「低級」的不必要的攀比印象）有很大的施展餘地。

當然，對數學公式與文字的難易評判不可一概而論，複雜到一定程度的數學公式自然絕非普通讀者所能理解。比如黎曼－西格爾（Riemann-Siegel）公式就是一個例子 ①。但即便那樣的公式，也有某些特殊的價值，比如在向讀者介紹計算黎曼 ζ 函數非平凡零點的難度時，我們固然可以搜腸刮肚地找出一系列形容詞來加以描述，或者用數學家們計算零點的艱辛努力來作間接說明，但讓讀者親眼看一看黎曼－西格爾公式的複雜性，也不失為是一種方法。哪怕看不懂，只當插圖來看，也有可能起到一種更直接，甚至印象更深刻的說明作用。

另一方面，即便對於普通科普能夠勝任的內容來說，過分排斥公式在我看來也是不必要的謹慎，甚至可以說是某種程度上的誤區。對這一誤區最直白的描述也許是英國物理學家霍金（Stephen Hawking）在某一版的《時間簡史》（A Brief History of Time）的前言或後記中引述過的一句編輯的警告：每一個數學公式都會使讀者減半。記得霍金在引述了那句警告後，表示自己在書中還是用到了一個公式：$E = mc^2$。他並且風趣地表示，希望那不會使該書的讀者減少一半。霍金的膽子算是比較大的，更多的科普作者恐怕寧肯用「能量等於質量乘以光速的平方」那樣的「文字公式」來代替 $E = mc^2$ 這樣的數學公式。但仔細想想，那樣的「文字公式」果真比數學公式更容易普及嗎？有多少讀者是知道什麼叫做「平方」，卻不知道它在數學上是用右上角的「2」來表示的？更何況，「質量乘以光速的平方」中的「平方」究竟是指「光速」的平方，還是「質量乘以光速」的平方，在「文字公式」中是分不清的，而國中甚至小學高年級水平的讀者多半就已經知道像 $E = mc^2$ 那樣的數學公式中的平方是 c 的平方，而不是 mc 的平方，因為後者會被寫成 $E = (mc)^2$，而不是

$E = mc^2$。數學公式的明晰性在這麼一個小小的例子中都能顯現出來，普通科普卻千方百計地試圖避免，不能不說是某種程度上的誤區。

回到黎曼猜想這一題材上來。以上所說絕不是暗示我所讀過的那兩本有關黎曼猜想的科普書已經陷入了那樣的誤區或困境 ②。事實上，對於黎曼猜想這樣一個高度技術性的數學題材來說，那兩本書在深入淺出方面所做的努力是很值得欽佩的，而且它們各自都使用了少量的數學公式。不過，讀者看完那兩本科普後，對數學故事毫無疑問會留有印象，但對黎曼猜想本身究竟能知道多少，或許仍是可疑的。因為在對數學公式作了較大幅度的回避之後，容易出現這樣的情形：即數學故事中數學的面目遠比人物的面目來得模糊。而數學故事中數學的面目一旦模糊了，那麼故事的背後究竟是黎曼猜想、費馬猜想、還是哥德巴赫猜想，也有可能會變得模糊起來。若干年之後，看過黎曼猜想、費馬猜想，或哥德巴赫猜想科普書的讀者或許只會記得這樣的共同場景：那就是一群數學家作了各種各樣的努力，經歷過各種各樣的趣事，試圖解決一個著名的數學猜想。但他們試圖解決的是什麼猜想，他們各自究竟做了什麼？則有可能只是記憶中的一團迷霧。我覺得專業科普在驅散這團迷霧上也能有一定的作為，可以作為普通科普很好的補充。

以上是對《黎曼猜想漫談》一書所採用的專業科普這一定位的一點說明。關於普通科普與專業科普這一話題本身，當然還有很多其他可以談論的地方，絕非本文這樣的零星敘述所能涵蓋。

2011 年 3 月 9 日寫於紐約

註釋

① 黎曼 – 西格爾公式是一個計算黎曼 ζ 函數非平凡零點的複雜公式，具體形式可參閱拙作《黎曼猜想漫談》（清華大學出版社，2012 年）第 11 章。

② 「那兩本有關黎曼猜想的科普書」指的是拙作《黎曼猜想漫談》的後記所提到的德比希爾（John Derbyshire）的 Prime Obsession: Bernhard Riemann and the Greatest Unsolved Problem in Mathematics（Joseph Henry Press, 2003）和索托伊（Marcus du Sautoy）的 The Music of the Primes: Searching to Solve the Greast Mystery in Mathematics（Harper, 2003）。

術語索引

一劃

二劃

三劃

四劃

五劃

六劃

七劃

八劃

九劃

十劃

十一劃

十二劃

十三劃

十四劃

十五劃

十六劃

十七劃

十八劃

十九劃

二十劃

二十一劃

人名索引

（以姓氏字母）

E

F

G

H

J

P

R

S

T

V

W

Y

Z

高談文化 CULTUSPEAK PUBLISHING CO., LTD　華滋出版　拾筆客　九韵文化　信實文化

更多書籍介紹、活動訊息，請上網搜尋　拾筆客

What' s Look

因為星星在那裡

作　　者：盧昌海
編　　審：鄭宜帆
封面設計：黃聖文
總 編 輯：許汝紘
文字編輯：孫中文
美術編輯：婁華君
總　　監：黃可家
行銷企劃：郭廷溢
發　　行：許麗雪
出　　版：信實文化行銷有限公司
地　　址：台北市松山區南京東路 5 段 64 號 8 樓之 1
電　　話：（02）2749-1282
傳　　真：（02）3393-0564
網　　站：www.cultuspeak.com
讀者信箱：service@cultuspeak.com

印　　刷：上海印刷股份有限公司
總 經 銷：聯合發行股份有限公司
香港經銷商：香港聯合書刊物流有限公司

2018 年 6 月 初版
定價：新台幣 450 元

國家圖書館出版品預行編目（CIP）資料

因為星星在那裡：科學殿堂的磚與瓦 / 盧昌海著. -- 初版. -- 臺北市：信實文化行銷, 2018.06
面；　公分. -- (What's look)
ISBN 978-986-95451-8-1(平裝)
1.科學 2.科普

307.9　　106024486

本書原名《因为星星在那里：科学殿堂的砖与瓦》，由清華大學出版社通過中圖公司版權部，授權信實文化行銷有限公司在臺灣地區獨家出版正體中文版。